全国高等学校新工科系列教材

精细有机合成实验

主　编　赵志刚　杨鸿均　刘　强

周　林　杨　强　钟　莹

U0206276

西南交通大学出版社

·成　都·

内容简介

本书是根据学校学科建设的需要而编写的一本有机化学类高级实验教材，为化学、化工、药学相关专业的"有机化学""有机合成""药物合成"课程配套实验教材。全书共分 5 章，内容包括精细有机合成实验基础知识，有机合成中的保护基，手性化合物的制备与拆分，金属有机化学合成实验，多步合成实验，以及 6 个附录。本书在实验内容和实验技术上进行了仔细筛选，包括催化氢化、减压过滤、相转移催化、手性配体的合成、外消旋体的拆分、无水无氧操作、碳氢活化、薄层色谱法监测反应进程等当代各种有机合成操作技术；认真筛选了 41 个实验，其中安排了 9 个目标化合物的多步合成综合实验。通过本实验教程的学习，可进一步提高学生发现问题、分析问题、解决问题的能力和实验操作技能。

本书可作为高等学校化学、化工、材料化学和药学类各专业高年级本科生和研究生的实验教学用书，也可作为化学化工、农药、医药、轻工等精细化工领域相关科研人员的参考书。

图书在版编目（Ｃ Ｉ Ｐ）数据

精细有机合成实验 / 赵志刚等主编. —成都：西南交通大学出版社，2021.12
ISBN 978-7-5643-8232-2

Ⅰ. ①精… Ⅱ. ①赵… Ⅲ. ①精细化工 – 有机合成 –实验 – 高等学校 – 教材 Ⅳ. ①TQ2-33

中国版本图书馆 CIP 数据核字（2021）第 175546 号

Jingxi Youji Hecheng Shiyan

精细有机合成实验

主 编 / 赵志刚 杨鸿均 刘 强　　责任编辑 / 牛 君
　　　 周 林 杨 强 钟 莹　　　封面设计 / 原谋书装

西南交通大学出版社出版发行
（四川省成都市二环路北一段 111 号西南交通大学创新大厦 21 楼　　610031）
发行部电话：028-87600564　028-87600533
网址：http://www.xnjdcbs.com
印刷：成都蜀通印务有限责任公司

成品尺寸　185 mm × 260 mm
印张　7.75　字数　163 千
版次　2021 年 12 月第 1 版
印次　2021 年 12 月第 1 次

书号　ISBN 978-7-5643-8232-2
定价　28.00 元

课件咨询电话：028-81435775

有机合成是有机化学的核心组成部分，是通过化学方法将简单的有机物或无机物制成比较复杂的有机物的过程，在现代化学工业生产中具有举足轻重的地位。有机合成涉及旧键的断裂、新键的生成，是创造新物质的摇篮，是化学、生命、药物和材料科学发展的基础。在过去的 40 年中，我国在有机合成化学的诸多方面，如新反应、新试剂与新催化剂等的研发，取得瞩目成绩。尽管我国的有机合成研究队伍不断壮大，科研实力不断增强，然而有机合成研究水平仍然有较大的发展空间。未来，有机合成产生的新方法、新技术、新物质必然会对人类社会的发展做出巨大贡献。

本书希望通过编写有机合成中的官能团保护方法、手性合成、金属催化以及多步有机合成实验，满足化学相关专业高年级本科生和研究生的教学需要，以此培养能解决实际问题的应用型人才。

全书分为 5 章和附录。第 1 章精细有机合成实验基础知识，包括有机合成的目的、实验室安全、实验室应急处理以及如何规范操作、实验记录等；第 2 章有机合成中的保护基，包括氨基的保护、羧基的保护、羟基的保护、醛酮的保护，每类官能团的保护都列举了两个实例，可操作性强，也具有代表性；第 3 章手性化合物的制备与拆分，内容涉及手性配体、手性催化剂和手性试剂的合成，以及合成中的应用；第 4 章金属有机化学合成实验，包括格氏试剂的制备及应用、金属参与的还原反应、过渡金属催化的交叉偶联反应、金属配合物的合成及应用；第 5 章多步合成实验，为基础有机反应的应用，包括药物合成、药物中间体的合成，以及重要的合成子的制备。最后一部分为附录，包括溶剂的处理方法、常用试剂的物理常数等，以便查阅。

本书在编写过程中，参考了各兄弟院校的教材和大量的文献，在此谨向所有作者表示由衷的感谢。

有机合成内容所包含的知识广泛，因编者水平有限，书中难免有不妥之处，恳请读者批评指正。

编　者

2021 年 8 月

CONTENTS

目录

精细有机合成实验基础知识

1.1　精细有机合成实验的意义和目的

精细有机合成实验是有机化学的重要组成部分，是培养学生发现问题、分析问题、解决问题能力和提高实验综合技能的重要实验课程，是高等院校化学相关专业高年级学生必修的专业课程之一。与基础有机化学实验相比，精细有机合成实验目标体现在培养学生的创新能力和应用能力。精细有机合成实验教学的主要目的有以下几点：

（1）培养学生实验室求实的科学态度，养成良好的实验工作习惯，为以后进一步的科研工作奠定基础。

（2）培养学生正确掌握精细有机合成实验的操作技能，掌握复杂有机物的合成实验技能，提高学生的独立实验操作能力。将重要合成化学概念应用在实验中，扩大有机合成的知识面，较全面地反映化学现象的复杂性和多样性。

（3）培养学生的独立思考、综合知识运用和创新能力。学生需要学会联系课堂讲授的知识，仔细地观察和分析实验现象，认真地处理数据并概括现象，从中得出结论。

1.2　精细有机合成实验室守则

精细有机合成实验是有机化学实验的重要组成部分。精细有机合成实验所用的药品种类繁多，而且多数药品易燃、易爆、有毒、有害。为了保证实验安全，培养良好的实验习惯，学生进入实验室开展实验时必须遵守实验室规则。

（1）实验前，认真预习有关实验内容，做好预习笔记，书写预习报告，未做预习者不得开展实验。

（2）熟悉实验环境，清楚实验室水、电开关和安全出口；熟悉实验室消防器材、通风设备、洗眼器、急救药箱等的位置及使用方法；了解实验室安全知识，以便及时采取正确的应急措施。

（3）进入实验室，必须穿实验服，佩戴护目镜；严禁穿裙装、短裤、拖鞋等过多裸露皮肤的服装进入实验室。

（4）严禁在实验室吸烟、饮食、喧哗、打闹。完成实验后认真洗手。

（5）实验中，集中注意力，认真操作，仔细观察，如实记录实验现象和数据。按照实验指导书和实验操作规程进行实验，不得随意更改实验条件或操作步骤。

（6）按要求取用实验药品，用完后要盖好瓶盖，不得将未用完的药品倒回试剂瓶，以免污染整瓶试剂；废弃物放入指定容器，不得随意丢弃或倒入水槽；试剂及仪器用完后放回原处。

（7）实验进行中不得擅自离开实验岗位，不做与实验无关的事情，保持实验台面整洁。若发生安全事故，及时采取相应措施并立即报告实验指导教师。

（8）爱护仪器，节约水、电和药品，若损坏仪器，应及时报告，并填写仪器破损记录。

（9）实验完毕，清理实验台面，处理废物，拔掉电源，由指导教师检查、签字后方可离开。值日生负责整理公用仪器和试剂，打扫实验室卫生，最后关闭公用电器和水、电总闸，锁好门窗，指导教师检查、签字后方可离开。

（10）实验结束后，妥善保存实验记录，并根据原始记录及时书写实验报告。

1.3　精细有机合成实验安全知识

精细有机合成实验所用药品很多都易燃、易爆、有毒、有害，若使用不当，则可能发生着火、爆炸、中毒等事故。此外，精细有机合成实验所用仪器大多为玻璃仪器，容易造成割伤。因此，开展精细有机合成实验必须注意安全。

实验室事故大多由不熟悉仪器、药品的使用方法，未严格按规程操作或重视度不够导致。为了确保实验操作者、仪器设备及实验室的安全，每个进入实验室的学生，都应在实验前了解、熟悉实验室安全知识，并在实验过程中严格遵守。

（1）实验开始前，应检查实验仪器装置，确认正确、完好、稳妥后，经指导教师同意后方可开始实验。

（2）实验过程中，不得擅自离开实验现场，须严密监测反应情况，并不时检查装置有无漏气或破裂等问题。

（3）当进行有可能发生危险的实验时，应根据实验情况采取必要的安全措施，如佩戴防护面罩、手套等。会产生刺激性或有毒气体的实验应在通风橱内进行。

（4）使用易燃、易爆药品时应远离火源。易燃或有毒的挥发性有机物使用后应收集于指定密闭容器中。

（5）浓酸、浓碱具有强腐蚀性，应严格按照要求使用。

（6）乙醚、乙醇、丙酮、苯等有机易燃物质，安放和使用时必须远离明火，取用完毕后应立即盖紧瓶塞和瓶盖。

（7）灼热器皿放在石棉网/板上，不可和冷物体接触，以免破裂；同时，不能立即放在物品柜内或实验台面上，以免烧坏物品柜或实验台面。

（8）不可加热普通玻璃瓶和容量器皿，也不可倒入灼热溶液，以免使仪器破裂或容量不准。

（9）在熟悉性能及使用方法的前提下使用特殊仪器设备，严格按照说明书操作，情况不明时，不得随便接通仪器电源或扳动旋钮。

（10）禁止随意混合各种试剂药品，以免发生意外事故。安全用具及急救药品不得用作他用。

1.4　实验室事故预防及处理

1.4.1　化学药品中毒的预防方法

在化学实验室中，我们经常使用一些毒性或大或小的药品。如果这些毒物不慎侵入人体，人便会发生中毒现象，甚至丧失生命。有些毒物由于在人体内长期积累，也会发生慢性中毒现象。为了保证广大实验人员的生命安全，我们必须遵守化学实验室的操作规程，防止一切可能发生的人身事故。

在化学实验中，化学毒性物质可以是固态的，也可以是液态和气态的，但只有液态和气态的毒物，才能直接被人体所吸收。固态物质只有溶于水或是变成粉末状态，才能进入人体。根据毒物进入人体的途径，可采用各种不同的措施来预防中毒事故的发生。

1.4.1.1　毒物经呼吸道进入人体

有许多有机溶剂，往往能散发出令人愉快的气味，但它们绝大部分是有毒物质，如乙醚、苯、硝基苯等，吸入它们的蒸气，会发生中毒现象。很多有毒气体，虽具有臭味，使人易于察觉，但吸入时间过久，就会使人们的嗅觉减弱而不易察觉，因此，必须严加警惕。

为了防止这些无孔不入的毒气，在做这些有毒气体参加或产生的实验时，一定要在通风良好的通风橱中进行。如：

（1）使用硫化氢、氯气、一氧化碳等有毒气体进行的各种实验。

（2）蒸发各类酸，如盐酸、硫酸、硝酸、氢氟酸等。

（3）在硝酸中溶解各种金属、矿石和其他物质，都会产生氮的各种氧化物。

（4）用氯酸钾或其他氧化剂处理盐酸时，会产生氯气。

（5）酸与通常含有砷的工业锌作用，会产生砷化氢毒物。

（6）将含有氰化物、硫氰化物、可溶性硫化物和溴盐的溶液进行酸化时，会产生氰化氢、硫化氢和溴化氢等气体。

（7）蒸发含有硫化氢的溶液以及向硫化氢发生器中添加试剂，洗涤发生器时，同样有大量硫化氢气体排出。

（8）倾倒液溴和各种发烟浓酸时，也有大量有毒气体放出。

（9）灼烧含有硫、汞、砷的沉淀物时，也会产生有毒气体。

在使用通风橱时，应将通风橱中所有的门都关好，仅留一小孔，以便空气流通。在实验室中，应经常进行排风，保持室内的空气新鲜。化学实验室内，必须有排风装置。

在拆卸装有毒气的实验装置之前，在通风橱中，必须先用空气或水将毒气从仪器内排出，然后再进行拆卸。

1.4.1.2　毒物经消化道进入人体

固体毒物的蒸气压较低，一般虽不会自动逸出进入人体呼吸道，但一切毒物均应避免进入口中。预防措施如下：

（1）严禁在化学实验室内饮水或吃东西。

（2）严禁将饮水杯、装食物的器皿带入化学实验室内，防止被毒物玷污。

（3）严禁在化学实验室内吸烟，因手被化学实验室内的毒物玷污，接触香烟可能发生中毒现象。

（4）离开化学实验室时，首先应洗净双手，勿用实验室内的抹布擦手。

（5）在进行有毒化学药品的实验操作时，一定要穿工作服，以免毒物玷污衣服。

（6）在使用移液管吸取溶液时，应使用洗耳球吸取，注意不能用口吸。移液管要深入液面下，小心吸取。

（7）在吸取含有毒物的溶液，如氯化高汞、氰化钠、氰化钾溶液等时，应使用上端带有安全小球的移液管。

（8）在粉碎或研磨固体物质时，一定要戴上防尘口罩，细心操作，勿使毒物粉尘进入消化道。

1.4.1.3　毒物经皮肤表面进入人体

有部分毒物能通过皮肤表面的破损处进入人体，并通过血液循环散布全身。所以，在进行有毒物质的实验操作时，一定要戴上胶皮手套，防止将毒性物质沾在手上，同时也不要将有毒物质洒落在实验台上。

1.4.2　化学药品中毒的应急处理方法

1.4.2.1　吞食时的处理方法

患者因吞食药品中毒，常表现为痉挛或昏迷，非专业医务人员不可随便处理。除此以外的其他情形，则可采用下列方法处理。毫无疑问，进行应急处理的同时，要立即送医治疗，并告知医生引起中毒的化学药品种类、数量以及中毒情况（包括吞食、吸入或沾到皮肤等）、发生中毒的时间等有关情况。

（1）为了降低胃液中药品的浓度，延缓毒物被人体吸收的速度，并保护胃黏膜，可饮食下列东西：牛奶，混合鸡蛋清、面粉、淀粉、土豆泥的悬浮液以及水等。

（2）如果暂时没有上述饮品，可于 500 mL 蒸馏水中，加入 50 g 活性炭，用前再加 400 mL 蒸馏水，并充分摇动混合，然后给患者分次少量吞服。一般 10~15 g 活性炭，大约可吸收 1 g 毒物。

（3）用手指或茶匙的柄摩擦患者的喉头或舌根，使其呕吐。若用上述方法还不能催吐，可于半杯水中，加入 15 mL 吐根糖浆，或在 80 mL 热水中，溶解一茶匙食盐，给以饮服（但吞食酸、碱之类腐蚀性药品或烃类液体时，因易形成胃穿孔，或胃中的食物一旦吐出易进入气管引起危险，因而，遇到此类情况，千万不要进行催吐）。绝大部分毒物，于 4 h 内即从胃转移到肠内。

（4）用毛巾之类的东西盖住患者身体进行保温，避免从外部升温取暖。

（5）2 份活性炭，1 份氧化镁和 1 份丹宁酸混合均匀而成的混合物，称为万能解毒剂。用时可将 2~3 茶匙此药剂，加入一杯水，调成糊状物，即可服用。

1.4.2.2　吸入时的处理方法

（1）立即将患者转移到室外空气新鲜的地方，解开衣服，放松身体。

（2）呼吸能力减弱时，要马上进行人工呼吸。

（3）呼吸好转后，立即送专业医院治疗。

1.4.2.3　沾着皮肤时的处理方法

（1）用自来水不断淋湿皮肤。

（2）一面脱去衣服，一面在皮肤上浇水。

（3）不要使用化学解毒剂。

1.4.2.4　进入眼睛时的处理方法

（1）撑开眼睑，用水冲洗 4~5 min。

（2）不要使用化学解毒剂。

1.4.3　其他事故的应急处理

1.4.3.1　烧伤的应急处理方法

在烧伤时，作为应急处理措施，将患者进行冷却是最重要的处理方法。烧着的衣物，应立即浇水灭火，然后用自来水洗去烧坏的衣物，并用剪刀慢慢剪除或脱去未烧坏的部分。一定要注意，千万不要碰烧伤面，至少要冷却 0.5~2 h。冷却水的温度应控制在 10 ~ 15 ℃ 为宜，最好不要低于这个温度。为了防止发生疼痛和损伤细胞，烧伤后应迅速采用冷却的方法，在 6 h 内有较好的效果。

对于不便洗涤的脸及躯干等部位，可用自来水润湿 2 ~ 3 条毛巾包上冰片，把它敷在烧伤面上。注意，应经常移动毛巾，以防同一部位过冷。若患者口腔疼痛，可给他含冰块。即使是小面积烧伤，如果只冷却 3 ~ 5 min，效果甚微。因此，当烧伤时，必须进行长时间的冷却。

但是，大面积烧伤时，进行冷却，在技术上较难处理，同时还可能发生休克的危险，应尽快送入医院。

1.4.3.2　冻伤应急处理方法

将冻伤部位放入 40 ℃（不要超过此温）的温水中浸泡 20 ~ 30 min。即使恢复到正常温度后，仍要将冻伤部位抬高，在常温下，不包扎任何东西，也不用绷带，保持安静。若没有温水或者冻伤部位不便浸水时，则可用体温（如手、腋下）将其暖和。要脱去湿衣物，也可饮适量含酒精的饮料暖和身体。但香烟会使血管收缩，故严禁吸烟，也不要做运动或用雪、冰等进行摩擦取暖。

1.4.3.3　外伤事故的应急处理

在化学实验室的外伤，主要是由玻璃仪器或玻璃管的破碎引发的。作为紧急处理，首先应止血。因大量流血，会引起休克危险。原则上可直接压迫损伤部位，进行止血。即使损伤动脉，也可用手指或纱布直接压迫损伤部位，即可止血。

由玻璃片或管造成的外伤，首先必须先除去碎玻璃片。若不除去，当压迫止血时，会将碎玻璃片压入更深。

1.4.3.4　电击应急处理方法

救护人员一定要一面注意防止自身触电，一面迅速将触电者拉离电源。其方法是首先切断电源，可用木柄斧头切断电源，使电流流向别的回路；或者用干燥的布带、皮带把触电者从电线上拉开。如果触电者停止呼吸或脉搏停跳，要立即进行人工呼吸或心脏按压。

1.5　实验室废弃物的处理

废弃物包含的种类繁多。从实验室排放的废弃物，特别是化学物质时，由于考虑到它会以某种形式危及人们的健康，所以从防止污染环境的立场出发，即使数量甚微，也应避免把它排放到自然水域或大气中去，而必须加以适当的处理。

通常从实验室排出的废液，虽然与工业废液相比在数量上很少，但是，由于其种类多，加上组成经常变化，因而最好不要把它集中处理，而由各个实验室根据废弃物的性质，分别加以分类处理。为此，废液的回收及处理自然就需依赖实验室中每一个工作人员。同时，实验人员还必须加深对防止公害的认识，自觉采取措施，防止污染，以免危害自身或者危及他人。

1.5.1 实验室废弃物处理的一般原则

根据实验室废弃物的特点，应做到分类收集、存放，集中处理。处理方法应简单易操作，处理效率高，不需要很多投资。因此实验室废弃物处理的原则有以下几点：

（1）少量的有毒气可通过通风设备排出室外，通风管道应有一定高度，使排出的气体在空气中稀释。产生的毒气量大时，必须经过吸收处理，然后才能排出，如氮、硫、磷等酸性氧化物气体，可用导管通入碱液中，使其被吸收后排出。

（2）对于某些数量较少、浓度较高的有毒有机物可于燃烧炉中供给充分的氧气使其完全燃烧，生成二氧化碳和水。对高浓度废酸、废碱液要经中和至近中性时排放。对于含有少量被测物和其他试剂的高浓度有机溶剂废液，应回收再用。

（3）用于回收的废液应分别用洁净的容器盛装，同类废液中浓度高的应集中贮存，以便于回收某些组分，浓度低的经适当处理达标即可排出。

（4）根据废弃物的性质选择合适的容器和存放点。废液应用密闭容器贮存，禁止混合贮存，以免发生剧烈的化学反应而造成事故。容器应防渗漏，防止挥发性气体逸出而污染实验室环境。

（5）剧毒、易燃、易爆药品的废液，其贮存应按相应规定执行。废液应避光，远离热源，以免加速废液的化学反应。贮存容器必须贴上标签，标明种类、贮存时间等，贮存时间不宜太长。

1.5.2 有机类实验废弃物处理的注意事项

在有机实验过程中，随着反应的进行不可避免地会产生大量废弃物，比如，废弃玻璃物品、废弃有机物、实验室废液和废气等。从安全、环保的角度考虑，有机类实验废弃物的处理有以下几项注意事项：

（1）尽量回收溶剂，在对实验没有妨碍的情况下，反复使用。

（2）为了方便处理，收集分类往往分为：① 可燃性物质；② 难燃性物质；③ 含水废液；④ 固体物质等。

（3）可溶于水的物质，容易随水溶液流失。因此，回收时要加以注意。但是，对于甲醇、乙醇及醋酸之类溶剂，能被细菌作用而易于分解。故对于这类溶剂的稀溶液，经用大量水稀释后，即可排放。

（4）含重金属等的废液，将其有机质分解后，剩余物当作无机类废液进行处理。

1.5.3 有机类实验废弃物的处理方法

1.5.3.1 焚烧法

（1）将可燃性物质的废液，置于燃烧炉中燃烧。如果数量很少，可把它装入铁制或瓷制容器，选择室外安全的地方燃烧。点火时，取一长棒，在其一端扎上沾有油类的破布，或用木片等东西，站在上风方向进行点火燃烧。并且，必须监视其烧完为止。

（2）对难于燃烧的物质，可把它与可燃性物质混合燃烧，或者把它喷入配备有助燃器的焚烧炉中燃烧。对于多氯联苯之类难于燃烧的物质，往往会排出一部分还未焚烧的物质，要加以注意。对于含水的高浓度有机类废液，此法也能进行焚烧。

（3）对于固体物质，可将其溶解于可燃性溶剂中，然后使之燃烧。

1.5.3.2 溶剂萃取法

对于含水的低浓度废液，用与水不相溶的正己烷之类挥发性溶剂进行萃取，分离出溶剂层后，对其进行焚烧。但是对于形成乳浊液之类的废液，不能用此法处理，要用焚烧法处理。

1.5.3.3 吸附法

用活性炭、硅藻土、矾土、层片状织物、聚丙烯、聚酯片、氨基甲酸乙酯泡沫塑料、稻草屑及锯末之类能良好吸附溶剂的物质，使其充分吸附后，与吸附剂一起焚烧。

1.5.3.4 水解法

对于有机酸或无机酸的酯类，以及一部分有机磷化合物等容易发生水解的物质，可加入 $NaOH$ 或 $Ca(OH)_2$，在室温或加热下进行水解。水解后，若废液无毒害，把它中和、稀释后，即可排放；如果含有有害物质，用吸附等适当的方法加以处理。

1.5.3.5 生物化学处理法

该方法是用活性污泥之类的东西并吹入空气进行处理。例如，对于含有乙醇、乙酸、动植物性油脂、蛋白质及淀粉等的稀溶液，可用此法进行处理。

1.6 实验预习、实验记录和实验报告

1.6.1 实验预习

实验预习是有机合成化学实验的重要环节，对实验成功与否、收获大小起着关键的作用。在实验前，必须认真做好实验预习。教师有义务拒绝那些未进行实验预习的

学生进行实验。预习的具体要求如下：

（1）将本实验的目的、要求、反应式（正反应、主要副反应）、主要反应物、试剂和产物的物理常数（查手册或辞典）、用量（g，mL，mol，mmol）及规格摘录于记录本中。

（2）写出实验的简单步骤。每个学生应根据实验内容上的文字改写成简单明了的实验步骤（注意不是照抄实验内容）。步骤中的文字可用符号简化，例如试剂写分子式，克 = g，毫升 = mL，加热 = △，加 = +，沉淀 = ↓，气体逸出 = ↑……仪器以示意图代之。学生在实验初期可画装置简图，步骤写得详细些，以后逐步简化。这样在实验前已形成一个工作提纲，使实验有条不紊地进行。

（3）列出粗产物纯化过程及原理，明确各步操作的目的和要求。

（4）思考各步操作的目的，掌握本次实验的关键、难点及实验中可能存在的安全问题。

1.6.2　实验记录

实验记录是科学研究的第一手资料，记录的准确完整与否直接影响到对实验结果的分析，学会写好实验记录是培养学生科学素养和实事求是工作作风的重要途径。

实验中要做到操作认真，观察仔细，思考积极，并将所用物料的数量、浓度以及观察到的现象（如反应温度的变化，体系颜色的改变，结晶或沉淀的产生或消失，是否放热或有气体放出等）和测得的各种数据及时如实地记录于记录本中。记录要做到简单明了，字迹清楚。实验完毕后，学生应将产物交给教师统一回收保管。

应该牢记，实验记录是原始资料，科学工作者必须重视。

1.6.3　实验报告

实验完成后应及时写出实验报告，实验报告是学生完成实验的一个重要环节。通过实验报告，可以培养学生发现问题、分析问题和解决问题的能力。一份合格的实验报告应包括以下内容。

（1）实验名称：通常作为实验题目出现。

（2）实验目的、要求：简述该实验所要求达到的目的和要求。

（3）实验原理：简要介绍实验的基本原理、主要反应方程式及副反应方程式。

（4）实验所用的仪器、药品及装置：要写明所用仪器的型号、数量、规格，试剂的名称、规格。

（5）主要试剂的物理常数：列出主要试剂的分子量、相对密度、熔点、沸点和溶解度等。

（6）仪器装置图：画出主要仪器装置图。

（7）实验内容、步骤：要求简明扼要，尽量用表格、框图、符号表示。

（8）实验现象和数据的记录：在自己观察的基础上如实记录。

（9）结论和数据处理：化学现象的解释最好用化学反应方程式，如果是合成实验，要写明产物的特征、产量，并计算产率。

（10）总结讨论：对实验中遇到的疑难问题提出自己的见解。分析产生误差的原因，对实验方法、教学方法、实验内容、实验装置等提出意见或建议，包括回答思考题等。

实验报告要求真实可靠，数据完整，文字简练，条理清晰，书写工整。对于研究型和综合型实验，还应列出参考文献等。以下是以"乙酸异戊酯的制备"为例的有机合成化学实验报告格式，供学生完成实验报告时参考。

附 件

有机合成化学实验报告

姓名 XXX 班级 XXX 学号 XXX 同组人 XXX 日期 XXX 室温 20 ℃

实验名称：乙酸异戊酯的制备

一、目的和要求

1. 熟悉酯化反应原理，掌握乙酸异戊酯的制备方法。

2. 熟悉液体有机物的干燥方法，掌握分液漏斗的使用方法。

3. 学会利用萃取洗涤和蒸馏的方法纯化液体有机物的操作技术。

二、实验原理

实验室通常采用冰醋酸和异戊醇在浓硫酸的催化下发生酯化反应来制取乙酸异戊酯，反应方程式如下：

$$CH_3C\overset{O}{\overset{\|}{}}{-}OH + HOCH_2CH_2\overset{CH_3}{\overset{|}{C}H}CH_3 \underset{\triangle}{\overset{H_2SO_4}{\rightleftharpoons}} CH_3C\overset{O}{\overset{\|}{}}{-}OCH_2CH_2\overset{CH_3}{\overset{|}{C}H}CH_3 + H_2O$$

酯化反应是可逆的，本实验采取加入过量冰醋酸，使反应不断向右进行，提高酯的产率。

三、主要仪器及试剂

圆底烧瓶（50 mL），球形冷凝管，蒸馏烧瓶（50 mL），直形冷凝管，接液管，分液漏斗（100 mL），量筒，温度计（250 ℃），锥形瓶（100 mL），电热套等。

异戊醇 4.4 g（5.4 mL，0.05 mol），冰醋酸 6.8 g（6.4 mL，0.113 mol），浓硫酸，5%碳酸氢钠水溶液，饱和食盐水，无水硫酸镁。

四、主要试剂及产物的物理常数（表 1-1）

表 1-1　乙酸异戊酯的制备实验主要试剂及产物的物理常数

名称	相对分子质量	性状	折射率	相对密度	熔点 /°C	沸点 /°C	溶解性
异戊醇	88.15	无色透明液体	1.4052	0.81	−117.2	132.5	微溶于水
乙酸	60.05	无色透明液体，有刺激性气味	1.3716	1.048	16.6	117.9	能溶于水
乙酸异戊酯	130.18	无色、有香蕉气味、易挥发的液体	1.399	0.879	−78	142.1	微溶于水

五、仪器装置图（图 1-1）

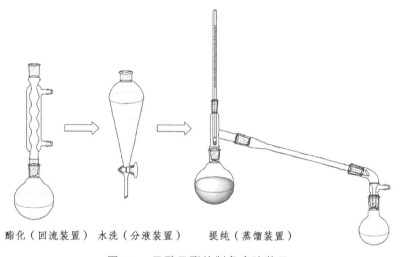

酯化（回流装置）　水洗（分液装置）　　提纯（蒸馏装置）

图 1-1　乙酸乙酯的制备实验装置

六、实验步骤及现象（表 1-2）

表 1-2　乙酸异戊酯的制备实验步骤及现象

步骤	现象
1. 酯化：在 50 mL 干燥的圆底烧瓶中加入 5.4 mL 异戊醇和 6.4 mL 冰醋酸，在振摇与冷却下加入 1.3 mL 浓硫酸，混匀后放入 1～2 粒沸石。 安装回流装置，检查装置的气密性后，缓缓加热，控制回流速度。	随着温度升高，圆底烧瓶中的液体开始沸腾。继续升温，控制回流速度，使蒸气浸润面不超过冷凝管下端的第一个球，回流开始计时，反应 1.5 h。

步骤	现象
2. 洗涤：停止加热，稍冷后拆除回流装置。将烧瓶中的反应液倒入分液漏斗中，用 15 mL 冷水淋洗烧瓶内壁，洗涤液并入分液漏斗。充分振摇，接通大气静置，待分界面清晰后，分去水层。然后酯层用 8 mL 5%碳酸氢钠溶液洗涤 2 次（至水溶液 pH 呈碱性）。最后再用 5 mL 饱和食盐水洗涤一次。	加水后分层，振荡摇晃后浑浊，静置后缓慢分层。有机层位于上层。 碳酸氢钠溶液洗涤时放出大量热并有二氧化碳产生，因此洗涤时需要不断放气。
3. 干燥：经过水洗、碱洗和食盐水洗涤后的酯层由分液漏斗上口倒入干燥的锥形瓶中，加入 2 g 无水硫酸镁，配上塞子，充分振摇后，放置 15 min。	加入无水硫酸镁后溶液变澄清，部分无水硫酸镁结成白色块状。
4. 蒸馏：安装一套普通蒸馏装置。将干燥好的粗酯小心滤入干燥的蒸馏烧瓶中，放入 1~2 粒沸石，加热蒸馏。用干燥的量筒收集 138~142 ℃ 馏分，量取体积并计算产率。	132 ℃ 以前馏出液很少，长时间稳定在 136~140 ℃，后升至 143 ℃，蒸馏瓶中液体很少，停止加热。得无色澄清液体 4.8 mL。

七、粗产物纯化过程及原理（图 1-2）

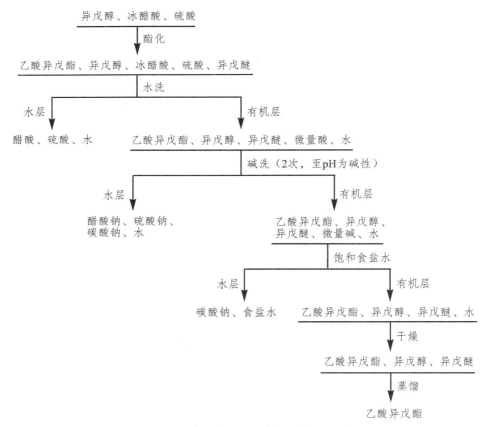

图 1-2　乙酸异戊酯的制备粗产物提纯过程

八、产率计算及结果分析

通过蒸馏，收集 138～142 ℃ 馏分 4.8 mL，为无色透明液体。

因反应中乙酸过量，理论产率应该按异戊醇的量计算。0.05 mol 异戊醇能产生 0.05 mol（即 0.05 mol ×130.18 g·mol^{-1} =6.51 g）乙酸异戊酯。

实际产量：0.879 g·cm^{-3}×4.8 cm^3 =4.22 g

产率：64.8%

九、讨　论

（1）加浓硫酸时，要分批加入，并在冷却下充分振摇，以防止异戊醇被氧化。

（2）回流酯化时，要缓慢均匀加热，以防止碳化并确保完全反应。

（3）分液漏斗使用前要涂凡士林试漏，防止洗涤时漏液，造成产品损失。

（4）碱洗时放出大量热并有二氧化碳产生，因此开始时不要塞住分液漏斗，摇荡漏斗至无明显的气泡产生后再塞住摇振，洗涤时要不断放气，防止分液漏斗内的液体冲出来。

（5）氯化钠饱和溶液不仅降低酯在水中的溶解度，而且可以防止乳化，有利于分层，便于分离。

（6）最后蒸馏时仪器要干燥，不得将干燥剂倒入蒸馏瓶内。

十、回答思考题（略）

2 有机合成中的保护基

2.1 概　述

　　有机合成中，如果一种反应物分子中有几个部位或官能团可能发生反应，而我们又只希望在某一部位或官能团上发生反应，比较直接的办法是采用选择性的反应条件和试剂。但是在复杂分子的合成中，许多情况下找不到这样的直接条件，或选择性不好，于是必须采用另外的办法，将不希望发生反应的部位保护起来，使其成为衍生物形式，待达到目的之后再恢复原来的官能团，这样的办法称为"保护基团"（protecting groups）法。保护基团法可追溯到 Emil Fischer 时代，从他对碳水化合物的合成研究开始，保护基团在各种复杂分子合成中得到广泛应用，可以说这是这位有机化学大师对有机化学发展做出的一大贡献。特别是天然产物的合成中，保护基团的应用几乎是不可避免的，也常常是唯一可行的方法。保护基团法在实验室和药物合成工业中均被广泛应用。

　　有几种场合可考虑应用保护基团：一种是保护一些官能团后能达到反应希望的区域选择性；二是保护某些官能团后可以提高反应的立体选择性；三是基团保护之后有利于多种产物的分离。另外，如在 Grignard 反应或 Wittig 反应中，羟基的存在不影响反应，但要消耗试剂，在试剂比较贵重时，采用保护基团的方法是一种经济的选择。

　　在实际工作中，要实施保护基团法，必须细致地考虑。在选择保护基时，概括起来大致有七点要加以考虑：

　　（1）保护基的供应来源，包括经济程度，这在工业原料制备上尤其重要。

　　（2）保护基团必须能容易地进行保护，而且保护效率要高。

　　（3）保护基的引入对化合物的结构不致增加过量的复杂性，如保护中忌讳产生新的手性中心，像四氢吡喃（THP）和乙氧基乙醚（EE）都是产生手性的保护基。

　　（4）保护以后的化合物要能承受得起之后进行的反应和后处理过程。

　　（5）保护以后的化合物对分离、纯化、各种层析技术要稳定。

　　（6）保护基团在高度专一的条件下能选择性、高效率地被除去。

　　（7）去保护过程的副产物和产物容易被分离。

围绕这些要求，人们在经过了几十年的努力之后，今天仍不时有对新的保护基团研究工作的报道，为有机合成提供更加巧妙的手段。相信今后对这一领域的研究还会有更大的发展。

2.2　保护基团的互不相干性原则

对于一个结构复杂分子的合成，合成设计者必须考虑许多问题，如片段的合成及连接、立体化学、官能团的相互转换，还有就是保护基问题。合成中，上保护基的问题往往是容易解决的，而去保护基步骤常是整个合成的"压轴戏"，许多合成工作因此而失败。当合成过程中存在多种保护基的选择性脱除时，需要预先做好周密考虑。最理想的情形就是我们认为的保护基团符合互不相干的原则，即其中一个保护基的脱除不影响另外的保护基。虽然实际的情况很少百分之百符合，但这种观念在考虑问题时是十分重要的。本章将主要介绍官能团的保护，包括氨基、羧酸、醇羟基、醛和酮等的保护和去保护方法，同时列举一些合成实例，加深大家对有机合成中保护基的理解和实际操作。

2.3　氨基的保护

氨基存在于许多生物活性分子中，如氨基酸、多肽、糖肽、生物碱等，氨基的保护在有机合成中占有重要地位。常见的氨基保护基团包括叔丁氧羰基（Boc）、苄氧羰基（Cbz）、9-芴甲氧基羰基（Fmoc）、N-磺酰基和 N-烷基保护基等。叔丁氧羰基、苄氧羰基和 9-芴甲氧基羰基均比较容易引入化合物结构，但是去除这些保护基的方法各异，需要根据底物的反应进行选择。叔丁氧羰基保护的氨基化合物能够经受催化氢化、强烈的碱性和亲核反应条件。实验室常用的保护试剂为 Boc 酸酐（Boc$_2$O，di-*tert*-butylcarbonate）。叔丁氧羰基保护氨基在碱性条件下进行，反应条件温和。在 DMAP（4-二甲氨基吡啶）存在条件下，Boc$_2$O 甚至可以实现对酰胺—NH 及吲哚—NH 的保护。脱除 Boc 的最常用方法是使用三氟乙酸或三氟乙酸/二氯甲烷体系，一般在低温和室温条件下就能较快完成反应。芴甲氧基羰基是 Carpino 等人在 1970 年发明的，是现代固相和液相多肽合成的基础。Fmoc 基团在酸性条件下相当稳定。常用的保护试剂为 Fmoc-Cl 或 Fmoc-Osu，在 NaHCO$_3$ 或 Na$_2$CO$_3$ 存在下，一般均能获得较好的收率。该保护基的除去应用 β 消除原理，通过简单的碱，如 NH$_3$、Et$_2$NH、哌啶、吗啉等在质子性极性溶剂（DMF、NMP 或 CH$_3$CN）中可以快速完成这一氨基的释放过程。苄氧羰基（Cbz）于 1932 年由 Bergman 等发明，开创了现代肽合成化学的一个里程碑。因 Cbz 可以在中性条件下被氢脱除，所以得到广泛应用。同时，Cbz-Cl 价格便宜，适合原料的大量制备。Cbz 保护的条件比较温和，在碱性水溶液中很快完成反应。

实验 1　Boc-保护苯丙氨酸的合成

【反应式】

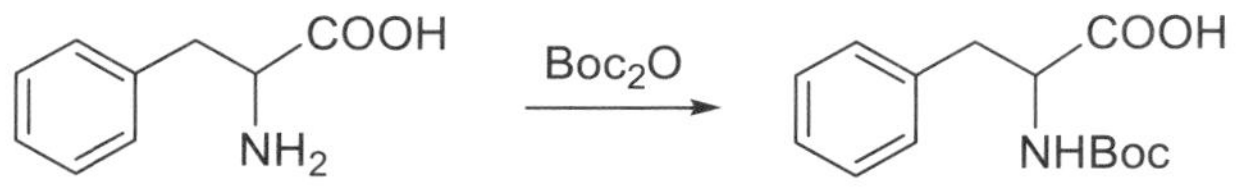

【仪器与试剂】

仪器：磁力搅拌器、圆底烧瓶、锥形瓶、恒压滴液漏斗、量筒。

试剂：L-苯丙氨酸 1.0 g（6.1 mmol）、Boc_2O 2.18 g（0.01 mol）、碳酸钠 1.0 g（9.4 mmol）、1, 4-二氧六环、乙酸乙酯、稀盐酸、无水 Na_2SO_4。

【实验步骤】

在 50 mL 圆底烧瓶中，加入 L-苯丙氨酸 1.0 g（6.1 mmol）、碳酸钠 1.0 g（9.4 mmol）和 10 mL 水/1, 4-二氧六环（体积比 1：1）的混合溶剂。搅拌和冰浴条件下，将 Boc 酸酐 2.18 g（0.01 mol）滴加入上述溶液。滴加完毕，撤去冰浴，室温搅拌 12 h 后，将 1, 4-二氧六环减压蒸馏除去。残留的水溶液用乙酸乙酯洗涤两次（10 mL×2）。水相进一步用 5%稀盐酸酸化，再用乙酸乙酯萃取（10 mL×2）。合并有机层，用 Na_2SO_4 干燥。过滤，真空浓缩，得到 Boc-L-苯丙氨酸，为白色固体，产率大于 90%。

【思考题】

（1）残留的水溶液用乙酸乙酯洗涤的目的是什么？
（2）水相用 5%稀盐酸酸化的目的是什么？

【参考文献】

NIMMASHETTI N, MADHAVAN N. Soluble non-cross-linked poly (norbornene) supports for peptide synthesis with minimal reagents[J]. J. Org. Chem., 2014, 79: 11549-11557.

实验 2　Fmoc-保护色氨酸的合成

【反应式】

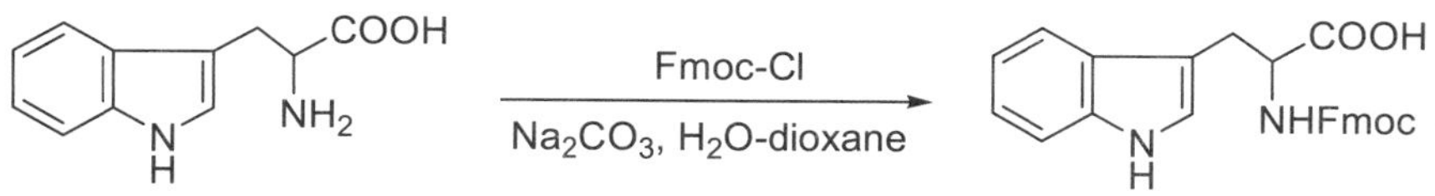

【仪器与试剂】

仪器：磁力搅拌器、圆底烧瓶、锥形瓶、恒压滴液漏斗、量筒。

试剂：L-色氨酸 104 mg（0.5 mmol）、芴甲氧羰酰氯（Fmoc-Cl）135 mg（0.52 mmol）、丙酮、碳酸钠、盐酸、二氯甲烷、乙醚。

【实验步骤】

在 100 mL 圆底烧瓶中，加入 L-色氨酸 104 mg（0.5 mmol）、50 mL 丙酮/20%碳酸钠（体积比=1∶1）混合溶剂。搅拌和冰浴条件下，将含 Fmoc-Cl 135 mg（0.52 mmol）的 2 mL 丙酮溶液缓慢滴加到上述溶液中。滴加完毕，继续冰浴反应 1.5 h。撤除冰浴，室温反应 4 h。反应完毕，将溶液倒入 100 mL 水中，并用乙醚萃取（5 mL×3）。将残留水溶液冰浴冷却，并用 5%盐酸调节 pH 至 2～3。用二氯甲烷萃取溶液（5 mL×2），合并有机相，硫酸钠干燥。过滤，减压蒸除溶剂，得到 Fmoc-L-色氨酸，为白色固体。

【思考题】

反应完毕，用乙醚洗涤的目的是什么？

【参考文献】

ANDERS J, BUCZYS R, LAMPE E, et al. New regioselective derivatives of sucrose with amino acid and acrylic groups[J]. Carbohyd. Res., 2006, 341: 322-331.

实验 3　Cbz-保护脯氨酸的合成

【反应式】

【仪器与试剂】

仪器：磁力搅拌器、圆底烧瓶、锥形瓶、恒压滴液漏斗、量筒。

试剂：L-脯氨酸 1.15 g（10 mmol）、氯甲酸苄酯 1.5 mL（11 mmol）、饱和 Na_2CO_3 溶液、二氯甲烷、盐酸、乙酸乙酯、$MgSO_4$。

【实验步骤】

在 100 mL 圆底烧瓶中，加入 L-脯氨酸 1.15 g（10 mmol）和 35 mL 饱和 Na_2CO_3 溶液。搅拌和冰浴条件下，向上述溶液中缓慢滴加氯甲酸苄酯 1.5 mL（11 mmol）。滴加完毕，撤去冰浴，室温搅拌 3 h。反应完毕，加入 CH_2Cl_2 萃取 2 次（2×5 mL）。分离出水层,向其中加入 2 mol/L HCl 调节 pH 为 2。然后用乙酸乙酯萃取 2 次(2×10 mL)，经 $MgSO_4$ 干燥，过滤并浓缩，得到黄色油状物。

【思考题】

反应完毕，加入 CH_2Cl_2 萃取的目的是什么？

【参考文献】

KATAKAM N K, SEIFERT C W, D'AURIA J, et al. Efficient synthesis of methyl (*S*)-4-(1-methylpyrrolidin-2-yl)-3-oxobutanoate as the key intermediate for tropane alkaloid biosynthesis with optically active form[J]. Heterocycles, 2019, 99: 604-613.

2.4　羧基的保护

在肽或核苷的合成过程中，羧酸的保护是常见的步骤，主要是阻止碱性试剂与羧酸质子之间的反应。羧酸的保护基大多以酯的形式展示。酯的形成主要由酸和醇直接制备，酰氯或酸酐与醇反应，羧酸盐与卤代烃反应，羧酸与烯烃反应，特别是叔丁酯的制备。此外，还可使用 DCC 活化羧酸酯化、2, 4, 6-三氯苯甲酰氯以及氯甲酸异丁酯参与活化的混合酸酐法等。

实验 4　对氨基苯甲酸乙酯的合成

【反应式】

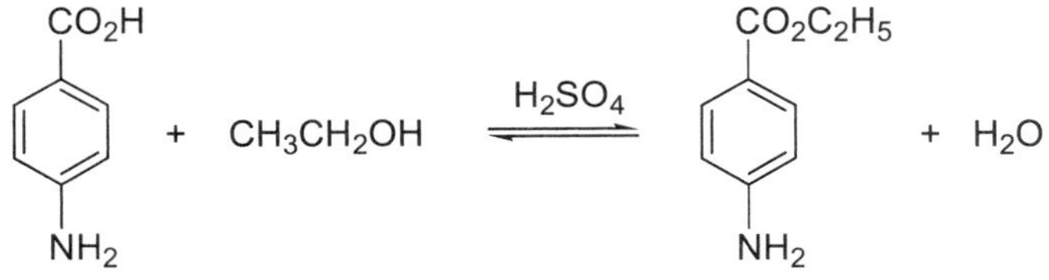

【仪器与试剂】

仪器：磁力搅拌器、圆底烧瓶、分液漏斗、量筒。

试剂：对氨基苯甲酸 1 g（7.3 mmol）、95%乙醇（12.5 mL）、浓硫酸（1 mL）、碳酸钠、乙醚、无水硫酸镁。

【实验步骤】

在 50 mL 圆底烧瓶中，加入对氨基苯甲酸 1 g 和 95% 乙醇 12.5 mL。充分磁力搅拌下，使大部分固体溶解。将烧瓶置于冰浴中冷却，加入 1 mL 浓硫酸，立即产生大量沉淀，将反应混合物在水浴上回流 1 h。将反应混合物转入烧杯中，冷却后分批加入 10% 碳酸钠溶液中和（约需 6 mL），可观察到有气体逸出并产生泡沫，直至加入碳酸钠溶液后无明显气体释放。检查溶液 pH，再加入少量碳酸钠溶液调节 pH 为 9 左右。在中和过程产生少量固体沉淀。将溶液倾注到分液漏斗中，并用少量乙醚洗涤固体后并入分液漏斗。分液漏斗中加入 20 mL 乙醚，摇振后分出醚层，经无水硫酸镁干燥后，在水浴上蒸馏除去大部分乙醚，至残余油状物约 1 mL。残余液用乙醇-水重结晶，产量约 0.5 g。纯对氨基苯甲酸乙酯的熔点为 91～92 ℃。

【思考题】

（1）实验中加入浓硫酸后，产生的沉淀是什么物质？

（2）酯化反应结束后，为什么要用碳酸钠溶液而不用氢氧化钠溶液进行中和？为什么不中和至 pH 为 7，而要使溶液 pH 为 9 左右？

实验 5　苯甲酸叔丁酯的制备

【反应式】

【仪器与试剂】

仪器：磁力搅拌器、圆底烧瓶、分液漏斗、抽滤漏斗，抽滤瓶。

试剂：苯甲酸 1.22 g（10 mmol）、4-二甲氨基吡啶 122 mg（DMAP，0.1 mmol）、叔丁醇 1.48 g（20 mmol），N, N-二环己基碳二亚胺 2.06 g（DCC，10 mmol）、二氯甲烷、0.5 mol/L 盐酸、饱和碳酸氢钠、无水硫酸镁。

【实验步骤】

在 50 mL 圆底烧瓶中，加入苯甲酸 1.22 g（10 mmol）和 10 mL 无水二氯甲烷。搅拌下，继续加入 DMAP 122 mg（0.1 mmol）和叔丁醇 1.48 g（20 mmol）。将烧瓶置于冰水中，加入 DCC 2.06 g（10 mmol）。维持冰浴反应 5 min，然后室温反应 3 h。将反应产生的不溶物抽滤除去。将滤液转入分液漏斗，依次用 0.5 mol/L 的盐酸洗涤 2 次

（2×5mL）、饱和碳酸氢钠洗涤 1 次（5 mL）。经无水硫酸镁干燥后，水浴上蒸馏除去二氯甲烷。产物通过蒸馏或柱色谱分离纯化。

【思考题】

反应过程中的不溶物是什么？画出其结构。

【参考文献】

NEISES B, STEGLICH W. Simple method for the esterification of carboxylic acids [J]. Angew. Chem. Int. Ed., 1978, 17: 522-524.

2.5 羟基的保护

羟基是重要的过渡官能团，可转变为卤素、氨基、羰基和羧基等功能基团。羟基广泛存在于天然产物如核苷、糖类、甾族化合物及某些氨基酸的侧链中。羟基的保护方法较多，具有普遍实用价值的主要有酯类保护基、硅醚类保护基和烷基醚类保护基。酯类保护基是实施羟基保护的经济而有效的保护方法。主要的保护基有 t-BuCO（Piv）、PhCO、MeCO、ClCH$_2$CO 等。酯的形成主要由醇和相应的酰氯或酸酐在吡啶或三乙胺存在条件下获得。可加入催化量的 DMAP 来加速反应。酯基的脱除主要通过保护基在碱性条件下脱除。生成硅醚是羟基保护的常见方法，主要有 MeSi（TMS），EtSi（TES）、t-BuMe$_2$Si（TES）、t-BuMe$_2$Si（TBDMS）、t-BuPh$_2$Si（TBDPS）等。由于 F—Si 的键能（594.4 kJ/mol）大于 O—Si 键（468.8 kJ/mol）。因此，大多数硅醚保护基可用含氟的试剂除去。常用的体系包括 HF/CH$_3$CN、TBAF/THF、HF-Py/CH$_3$CN 等。

实验 6 氯乙酰基保护吡喃半乳糖的合成

【反应式】

【仪器与试剂】

仪器：磁力搅拌器、圆底烧瓶、恒压滴液漏斗、抽滤瓶，抽滤漏斗。

试剂：D-吡喃半乳糖 1 g（5.55 mmol）、氯仿（35 mL）、无水 K$_2$CO$_3$ 0.95 g（6.9 mmol）、2-氯乙酰氯 0.78 g（7 mmol）。

【实验步骤】

在 50 mL 圆底烧瓶中，加入 D-吡喃半乳糖 1 g（55.5 mmol）、无水 K$_2$CO$_3$ 0.95 g（6.9 mmol）和无水氯仿 30 mL。搅拌条件下，将 2-氯乙酰氯 0.78 g（7 mmol）溶于 5 mL 无水氯仿的溶液缓慢滴加入上述溶液。滴加完毕，室温搅拌 3 h，过滤得到目标化合物，为白色固体。

【思考题】

为什么 2-氯乙酰氯要缓慢滴加？

【参考文献】

GAN C, WANG H, ZHAO Z, et al. Sugar-based ester quaternary ammonium compounds and their surfactant properties[J]. J. Surfact. Deterg., 2014, 17: 465-470.

实验 7　TBDMS-保护丝氨酸的合成

【反应式】

【仪器与试剂】

仪器：磁力搅拌器、圆底烧瓶、量筒、布氏漏斗，抽滤瓶。

试剂：L-丝氨酸 1.06 g（0.01 mol）、N, N-二甲基甲酰胺（DMF）10 mL、咪唑 1.36 g（0.02 mol）、叔丁基二甲基氯硅烷（TBDMSCl）1.66 g（0.11 mol）、正己烷、水。

【实验步骤】

在 25 mL 的圆底烧瓶中，加入 L-丝氨酸 1.06 g（0.01 mol）和 DMF 10 mL。搅拌下，依次加入咪唑 1.36 g（0.02 mol）和 TBDMSCl 1.66 g（0.11 mol）。室温搅拌 20 h。减压下蒸除溶剂 DMF，得到油状物。加入 10 mL H$_2$O-正己烷的混合溶剂（体积比 1∶1），继续搅拌 4 h，析出白色固体。抽滤，进一步用正己烷洗涤，得到目标化合物，为白色固体。

【思考题】

加入咪唑的作用是什么？

【参考文献】

LUO Y, EVINDAR G, FISHLOCK D, et al. Synthesis of *N*-protected *N*-methyl serine and threonine[J]. Tetrahedron Lett., 2001, 42: 3807-3809.

2.6　醛酮的保护

羰基化合物的主要反应特点是羰基可以接受亲核试剂的进攻。在经历多步反应时，往往需要对羰基进行保护。醛酮的保护基相对种类较少，常见的有 *O, O*-缩醛（acetal）、*S, S*-acetal 和 *O, S*-acetal 等。*O, O*-acetal 在通常条件下比较稳定，一般由 1, 2-乙二醇和 1, 3-丙二醇在酸催化下与醛酮反应制备。反应过程中进行除水处理有利于反应向正方向进行。常见的酸性催化剂包括对甲苯磺酸（*p*-TsOH）、吡啶对甲苯磺酸盐（PPTs）或酸性离子交换树脂等。*O, O*-acetal 的脱除最为常见的反应为酸催化水解。*S, S*-acetal 的制备与 *O, O*-acetal 相似。*S, S*-acetal 化合物具有对水解反应稳定和脱保护条件温和，且高度专一等优点，在复杂分子的合成中被广泛应用。但 *S, S*-acetal 存在制备的原料硫醇有难闻气味，*S, S*-acetal 需要重金属脱除以及会导致 Pd 和 Pt 催化剂中毒等不足。此外，醛酮的保护基与二醇的保护基往往相互对应。

实验8　1, 3-丙二醇保护苯甲醛的合成

【反应式】

【仪器与试剂】

仪器：圆底烧瓶、分水器、球形冷凝管。

试剂：苯甲醛 4.25 g（40 mmol）、环戊基甲醚（10 mL）、1, 3-丙二醇 3.35 g（44 mmol）、氯化铵 64 mg（1.2 mmol）、K_2CO_3 0.5 g（3.6 mmol）。

【实验步骤】

在 50 mL 的圆底烧瓶中，加入苯甲醛 4.25 g（40 mmol）、环戊基甲醚 10 mL、1, 3-丙二醇 3.35 g（44 mmol）和催化剂氯化铵 64 mg（1.2 mmol）。装上分水器和球形冷凝管。将混合物在剧烈搅拌下，用油浴加热，回流 6 h。反应完毕，冷至室温。抽滤，将滤液用 K_2CO_3 0.5 g（3.6 mmol）中和，搅拌 15 min。过滤，减压下蒸除溶剂，得到黄色油状液体，可进一步通过分馏提纯。

【参考文献】

AZZENA U, CARRARO M, MAMUYE A D, et al. Cyclopentyl methyl ether-NH₄X: a novel solvent/catalyst system for low impact acetalization reactions[J]. Green Chem., 2015, 17: 3281-3284.

实验 9 1, 3-丙二硫醇保护苯甲醛的合成

【反应式】

【仪器与试剂】

仪器：磁力搅拌器、圆底烧瓶、层析柱。

试剂：苯甲醛 1.06 g（10 mmol）、四氢呋喃（10 mL）、1, 3-丙二硫醇 1.8 g（10 mmol）、碘 25 mg（1 mmol）、硅胶（200～300 目）。

【实验步骤】

在 100 mL 的圆底烧瓶中，加入苯甲醛 1.06 g（10 mmol）、1, 3-丙二硫醇 1.8 g（10 mmol）和四氢呋喃（THF）10 mL，随后加入碘 25 mg（1 mmol）作为催化剂。室温搅拌半小时，减压下蒸除溶剂，得到黄色油状液体。进一步通过柱色谱分离提纯。

【参考文献】

SAMAJDAR S, BASU M K, BECKER F F, et al. A new molecular iodine-catalyzed thioketalization of carbonyl compounds: selectivity and scope[J]. Tetrahedron Lett., 2001, 42: 4425-4427.

实验 10　丙酮叉保护 D-吡喃半乳糖的合成

【反应式】

【仪器与试剂】

仪器：磁力搅拌器、圆底烧瓶、分液漏斗、量筒、层析柱。

试剂：D-吡喃半乳糖 1 g（5.55 mmol）、丙酮（35 mL）、浓硫酸（1 mL）、乙酸乙酯、无水 Na_2SO_4、饱和 $NaHCO_3$、饱和食盐水。

【实验步骤】

在 100 mL 的圆底烧瓶中，加入丙酮 35 mL。冰水浴搅拌下，缓慢滴加 1 mL 浓硫酸。滴加完毕，分批加入 D-吡喃半乳糖 1 g（55.5 mmol）。将混合物在室温搅拌 7 h，直至原料完全反应。然后在冰浴搅拌下，用饱和 $NaHCO_3$ 水溶液中和至 pH = 8～9。蒸馏除去丙酮，用乙酸乙酯萃取水层（10 mL×2），合并有机层，用饱和食盐水洗涤 1 次（10 mL）。有机层经 Na_2SO_4 干燥后，蒸除溶剂，残余物通过硅胶柱分离纯化[石油-乙酸乙酯（体积比 2∶1）]，得到无色油状液体（约 1.3 g）。

【参考文献】

ZENG J, SUN G F, YAO W, et al. 3-Aminodeoxypyranoses in glycosylation: diversity-oriented synthesis and assembly in oligosaccharides[J]. Angew. Chem. Int. Ed., 2017, 56: 5227-5231.

3

手性化合物的制备与拆分

分子中原子的空间排列方式在有机化学中起着重要作用。立体异构是指构成分子的原子在空间排列不同所产生的异构，是常见且重要的一种异构形式。对映异构体对偏振光具有不同的作用，一个可使偏振光向右偏转一定角度，另一个则向左，这种立体异构现象我们称为旋光异构（即对映异构）。当分子中存在不对称因素，原子的空间排列不同，不能相互重叠，而互成镜像与实物关系，这种现象即为对映异构，也称为手性。手性是构成生命世界的重要基础，由生物体产生的天然有机化合物，大多为有旋光性的手性分子，这是生物体内生化反应的立体专一性所致。而手性化合物的合成则是合成化学家为创造有功能价值物质（如手性医药、农药、香料、液晶等）所面临的挑战，因此手性合成已经成为当前有机化学研究的热点和前沿领域之一。

非手性条件，一般反应所得的手性化合物为等量对映异构体组成的外消旋体，而对映异构体一般具有相同的物理性质，不能用重结晶、分馏、萃取及常规色谱法分离，必须用拆分的方法。将对映异构体分离的过程称为拆分（resolution）。早在1848年，Louis Pasteur首次利用物理方法，拆开了一对光学活性酒石酸盐晶体，由此揭开对映异构现象，显然，这种方法不适用于大多数外消旋化合物的拆分。拆分外消旋体最常用的方法是利用化学反应将对映异构体转变为非对映异构体。若手性化合物分子中含有易于反应的官能团，如羧基、氨基等，就可以使其与一个光学纯化合物（拆分剂）反应，将一对对映异构体转化为两种非对映异构体，而非对映异构体通常具有不同的物理性质，如溶解性、结晶性等，故可利用结晶等方法将其分离，然后再去掉拆分剂，即可获得纯的旋光化合物，以达到拆分目的。好的拆分剂应具备以下特点：

（1）易与外消旋体形成非对映异构体，且易除去。

（2）形成的非对映异构体在常用溶剂中的溶解度有显著差别，其中一种能析出良好的晶体。

（3）价廉易得或拆分后回收率高。

（4）光学纯度高且化学性质稳定。

实际工作中，获得光学纯单一对映体并不容易，往往需要冗长的拆分操作和反复的重结晶才能实现。拆分所得旋光异构体可用旋光仪测定纯度。拆分酸性外消旋体，常用旋光性生物碱，如（－）-麻黄碱、（－）-马钱子碱、奎宁等；拆分碱性外消旋体，常用旋光性酸，如酒石酸、樟脑-β-磺酸等。除物理和化学拆分法外，还有生物化学拆分法，即利用酶对底物严格的空间专一性达到拆分目的；分子复合物拆分法：某些具有特定空间结构和形态的拆分剂如环糊精、尿素等，能选择性地与外消旋体中一种对映体形成容易拆解的分子复合物；色谱拆分法：利用手性化合物如淀粉、石英粉等作为色谱柱的固定相，使外消旋体被拆分为单个对映体。高效液相色谱（HPLC）手性分离技术，已能使外消旋体的拆分和分离实现程序化和自动化。

除了手性拆分法，不对称催化合成是获得光学物质最有效的手段之一，使用很少量的光学纯催化剂就可以产生大量所需的手性物质，且可以避免无用的对映异构体的生成，因此它又符合绿色化学的要求。

3.1　外消旋 1, 1-联-2-萘酚的制备与拆分

1, 1′-联-2-萘酚，又称 β, β'-联萘酚（BINOL），其 2, 2′-羟基以及 8, 8′-立体位阻导致 1, 1′-C—C 键的自由旋转受到阻碍，使得分子中两个萘环不在同一平面，通常存在80°～90°的夹角，分子中没有对称面，是具有 C_2 对称性的手性分子。光学纯 BIONL 及其衍生物是不对称合成中应用最广泛、不对称诱导效果最好的手性试剂之一。此外，BINOL 及其衍生物为配体的金属配合物亦是应用最为广泛的手性催化剂之一，在有机不对称合成、染料、农药、香料、食品添加剂，尤其在特种医药行业有着重要的用途。然而，商品化光学纯 BINOL 价格昂贵，成为制约有机合成化学工作者开展相关研究的瓶颈。因此，从廉价易得的 β-萘酚出发，合成外消旋（±）-BINOL，再利用手性试剂对其拆分，获得光学纯 BINOL，具有重要的应用价值和研究意义。BINOL 的手性拆分方法有 20 余种，在众多拆分方法中，通过分子识别对映选择性地形成主-客体（或超分子）配合物是最有效且实用的方法。

（±）-BINOL　　　　　　（R）-BINOL　　　　　　（S）-BINOL

外消旋（±）-BINOL 主要通过 β-萘酚的氧化偶联获得，常用的氧化剂有 Fe^{3+}、Cu^{2+}、Mn^{3+} 等，反应介质可为有机溶剂、水和无溶剂三种。以 β-萘酚为起始原料，Fe^{3+} 为氧化剂，采用固相研磨法制备（±）-BINOL。然后采用 N-苄基氯化辛可宁作为拆分试剂，选择性地与（±）-BINOL 中的（R）-对映异构体形成稳定的分子配合物晶体，而（S）-BINOL 则被留在母液中，从而实现（±）-BINOL 的手性拆分。

实验 11　固相研磨制备外消旋 1,1-联-2-萘酚

【反应式】

（±）-BINOL

【仪器与试剂】

仪器：烘箱、研钵、研杵、水浴锅、抽滤装置 1 套。

试剂：β-萘酚 2.0 g（14.0 mmol）、$FeCl_3 \cdot 6H_2O$ 7.6 g（28.2 mmol）、盐酸、乙醇。

【实验步骤】

在研钵[1]内加入 $FeCl_3 \cdot 6H_2O$ 7.6 g（28.2 mmol）、粉末状的 β-萘酚 2.0 g（14.0 mmol），混合均匀，并充分研磨 0.5 h[2]。然后将研钵连同混合物置于烘箱中加热，50 ℃ 下反应 2 h[3]。取出研钵，冷却至室温。搅拌下加入 5%盐酸水解粗产物。将混合液冷却至室温，减压抽滤，弃去滤液。滤渣用少量冰水洗涤 3 次，以除去 Fe^{3+} 和 Fe^{2+}。粗产物用乙醇重结晶，烘干，得白色针状晶体，称量，计算收率，测定熔点。

（±）-BINOL 熔点 216～218 ℃，产率约为 80%。

【注释】

[1] 有机合成中的某些反应可在无溶剂环境中进行，通常无溶剂反应相对于溶剂中的反应能耗更低、效果更好、选择性更高，且对环境更加友好。

[2] 固相研磨尽量充分，使固体颗粒尽量小，增大原料颗粒比表面积，利于反应。

[3] $FeCl_3$ 易吸潮，研磨时会出现潮解，体系会出现糊状，不影响实验效果。

【思考题】

（1）固相有机合成与传统有机溶剂中的合成相比有哪些优点？

（2）$FeCl_3$ 起什么作用？用 $FeCl_3$ 有什么优势？

（3）反应后为什么要用稀盐酸处理反应混合物？

【参考文献】

TODA F, TANAKA K, IWATA S. Oxidative coupling reactions of phenols with iron (Ⅲ) chloride in the solid state[J]. J. Org. Chem., 1989, 54: 3007-3009.

实验 12 外消旋 1,1-联-2-萘酚的拆分

【反应式】

（±）-BINOL $\xrightarrow{N\text{-苄基氯化辛可宁}}$ （R）-BINOL + （S）-BINOL

【仪器与试剂】

仪器：回流装置 1 套、抽滤装置 1 套、蒸馏装置 1 套、分液漏斗、量筒。

试剂：（±）-BINOL 2.0 g（7.0 mmol）、N-苄基氯化辛可宁 1.77 g（4.2 mmol）、CH_3CN、EtOAc、无水 $MgSO_4$、固体 Na_2CO_3、稀盐酸、甲醇。

【实验步骤】

在装有回流冷凝管的 100 mL 圆底烧瓶中，依次加入（±）-BINOL 2.0 g（7.0 mmol）、N-苄基氯化辛可宁 1.77 g（4.2 mmol）[1]以及 40 mL CH_3CN。加热回流 2 h，冷却至室温，减压过滤析出的白色固体，并用少量 CH_3CN 洗涤固体。固体是（R）-（+）-BINOL 与 N-苄基氯化辛可宁形成的 1/1 分子配合物[2]。保留母液，用于回收（S）-（−）-BINOL。将白色固体加入 80 mL EtOAc 和 1 mol/L 稀盐酸组成的混合体系（$V_{EtOAc}:V_{盐酸}=1:1$）中，室温搅拌 30 min，白色固体消失。将反应混合液转入分液漏斗中分液，水相用 20 mL EtOAc 再萃取一次，合并有机相，用饱和食盐水洗涤，无水 $MgSO_4$ 干燥。蒸去有机溶剂，残余固体用甲苯重结晶，得到无色柱状晶体，即（R）-（+）-BINOL，称量，计算收率，测定熔点。

将上述母液蒸干得固体粗产物，将其溶于 80 mL EtOAc 中，并用 20 mL 稀盐酸（1 mo/L）和 20 mL 饱和食盐水各洗涤一次，有机层用无水 $MgSO_4$ 干燥。蒸去有机溶剂，残余固体用甲苯重结晶，得到（S）-（−）-BINOL，称量，计算收率，测定熔点。合并上述萃取后的盐酸层（水相），用固体 Na_2CO_3 中和至无气泡放出，得到白色沉淀，过滤，固体用甲醇-水混合溶剂重结晶，得到 N-苄基氯化辛可宁（回收率>90%），可重新用来拆分且不降低效率。用旋光仪分别测定（R）-（+）-BINOL 和（S）-（−）-BINOL THF 溶液的旋光度，计算其比旋光度，与标准值对照。

（R）-（+）-BINOL 熔点 208~210 ℃，$[\alpha]_D^{27}=+32.1$（$c=1.0$，THF）。

（S）-（−）-BINOL 熔点 208~210 ℃，$[\alpha]_D^{27}=-33.5$（$c=1.0$，THF）。

[1] *N*-苄基氯化辛可宁与（*R*）-BINOL 的分子识别主要通过分子间氢键以及氯负离子与季铵正离子的静电作用结合。

[2] 一个（*R*）-BINOL 分子的羟基氢与氯负离子间以及临近的另一个（*R*）-BINOL分子的羟基氢与氯负离子间的氢键作用，氯负离子在两个（*R*）-BINOL 分子间起桥梁作用，同时氯负离子与 *N*-苄基辛可宁正离子的静电作用，以及 *N*-苄基辛可宁分子中羟基氢与（*R*）-BINOL 分子中的一个羟基氧间的氢键作用，使 BINOL 部分与 *N*-苄基辛可宁部分结合，进而实现手性拆分。

【思考题】

（1）使用旋光仪测定旋光值的注意事项有哪些？

（2）拆分剂 *N*-苄基氯化辛可宁的用量对实验有什么影响？

3.2 外消旋 *α*-苯乙胺的制备与拆分

α-苯乙胺是精细化工常用的重要中间体，其衍生物广泛应用于合成医药、染料、香料及乳化剂等。同时，光学纯 *α*-苯乙胺是一种优良的拆分试剂，也是常用的手性原料，在有机合成中具有重要应用。因此，探索 *α*-苯乙胺的合成与拆分，进而获得光学纯的 *α*-苯乙胺具有重要意义。

高温下，醛或酮与甲酸铵作用生成伯胺的反应称为鲁卡特反应（Leuckart Reaction），是由羰基化合物合成胺的重要方法。运用 Leuckart 反应制备 *α*-苯乙胺，即以苯乙酮和甲酸铵为原料合成 *α*-苯乙胺。Leuckart 反应中，氨首先与酮羰基发生亲核加成，然后脱水形成亚胺，亚胺随后被还原成胺。与还原胺化不同，Leuckart 反应使用 HCOOH 作为还原剂。其反应过程如下：

$$HCOONH_4 \rightleftharpoons HCOOH + NH_3$$

Leuckart 反应中，还原剂甲酸中的氢负离子，可以从亚胺分子平面的两侧等概率进入，因此得到外消旋（±）-*α*-苯乙胺还原产物，要想获得光学活性 *α*-苯乙胺异构体，还需进行手性拆分。外消旋（±）-*α*-苯乙胺经拆分后可得到（+）-*α*-苯乙胺和（−）-*α*-苯乙胺。光学纯酒石酸在自然界颇为丰富，它是酿酒产生的副产物。外消旋 *α*-苯乙胺属于碱性外消旋体，可用酸性拆分剂酒石酸进行拆分。实验 14 通过（+）-酒石酸与外

消旋 α-苯乙胺反应生成两个非对映体的盐，这两个盐在甲醇中的溶解度有显著差异，用分步结晶法可以将其分开，再分别用碱进行解析即可得到光学纯的（+）-α-苯乙胺和（−）-α-苯乙胺。

（+）-酒石酸对外消旋 α-苯乙胺拆分的流程如下所示：外消旋 α-苯乙胺与（+）-酒石酸反应，形成（+）-胺·（+）-酒石酸盐和（−）-胺·（+）-酒石酸盐。这两种非对映体配合物在甲醇中的溶解度有显著差异。（−）-胺·（+）-酒石酸盐非对映异构体比（+）-胺·（+）-酒石酸盐非对映异构体在甲醇中的溶解度小，故易从溶液中结晶析出。用过量 NaOH 水溶液处理（−）-胺·（+）-酒石酸盐晶体，其将转化为游离的 α-苯乙胺（溶于有机溶剂）和酒石酸二钠（溶于水），通过萃取分离转化为光学纯（−）-α-苯乙胺。母液中含有（+）-胺·（+）-酒石酸盐，原则上经提纯可获得另一非对映异构体盐，经稀碱处理后可得到（+）-α-苯乙胺，流程如图 3-1 所示。

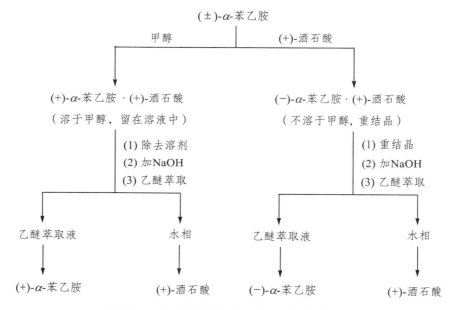

图 3-1 （+）-酒石酸拆分 α-苯乙胺的实验流程

实验 13　Leuckart 反应制备外消旋 α-苯乙胺

【反应式】

$$PhCOCH_3 + 2\ HCOONH_4 \longrightarrow \underset{PhCHCH_3}{\overset{NHCHO}{|}}$$

$$\xrightarrow{HCl/H_2O} \underset{PhCHCH_3}{\overset{NH_3Cl}{|}} \xrightarrow{NaOH} \underset{PhCHCH_3}{\overset{NH_2}{|}}$$

（±）-α-苯乙胺

【仪器与试剂】

仪器：蒸馏瓶、冷凝管、抽滤装置 1 套、玻璃温度计、锥形瓶、分液漏斗、三颈烧瓶、滴液漏斗、量筒、pH 试剂。

试剂：苯乙酮 16.0 g（150 mmol）、甲酸铵 30.0 g（480 mmol）、浓盐酸、NaOH、氯仿、甲苯。

【实验步骤】

在 150 mL 蒸馏瓶中依次加入苯乙酮 18.0 g（150 mmol）、甲酸铵 30.0 g（480 mmol）和几粒沸石。蒸馏头上口装上插入瓶底的温度计，侧口连接冷凝管配成简单蒸馏装置。加热混合物至 150～155 ℃，甲酸铵开始熔化并分为两相，再逐渐变为均相。反应物剧烈沸腾，伴随水和苯乙酮蒸出，并不断产生泡沫，放出氨气。继续缓缓加热至 185 ℃，停止加热，通常约需 1.5 h。反应过程中可能会在冷凝管上生成一些固体碳酸铵，需暂时关闭冷凝水使固体溶解，避免堵塞冷凝管。将馏出物转入分液漏斗，分出苯乙酮层，重新倒回反应瓶，再继续加热 1.5 h。注意控制反应温度不超过 185 ℃。将反应混合物冷却至室温，转入分液漏斗，用 25 mL 水洗涤除去甲酸铵和甲酰胺，分出 N-甲酰-α-苯乙胺粗品，将其倒回原反应瓶。水层用 $CHCl_3$ 萃取（15 mL×2），合并萃取液倒回反应瓶，弃去水层。向反应瓶中加入 18 mL 浓盐酸和几粒沸石，蒸馏出氯仿后继续保持微沸回流 30～45 min，使 N-甲酰-α-苯乙胺水解。将反应混合物冷却至室温，若有结晶析出，加入少量水使之溶解。然后用 $CHCl_3$ 萃取（8 mL×3），合并萃取液倒入指定容器回收，水层转入 150 mL 三颈烧瓶。将三颈烧瓶置于冰浴中冷却，慢慢加入 NaOH 溶液（15.0 g NaOH 溶于 30 mL 水），振摇，然后进行水蒸气蒸馏[1]。用 pH 试纸检测馏出液，开始为碱性，至馏出液 pH = 7 为止，收集馏出液。将含游离胺的馏出液用甲苯萃取（15 mL×3），合并有机相，加入粒状氢氧化钠干燥并塞住瓶口[2]。将干燥后的甲苯溶液用滴液漏斗分批加入 50 mL 蒸馏瓶，先蒸去甲苯，然后改用空气冷凝管蒸馏，收集 180～190 ℃ 馏分，产量 7～9 g。纯 α-苯乙胺的沸点为 187.4 ℃。

【注释】

[1] 水蒸气蒸馏，玻璃磨口接头应涂上润滑脂以防止接口被碱腐蚀粘连。
[2] 游离胺易吸收空气中的 CO_2 形成碳酸盐，故应塞好瓶口隔绝空气保存。

【思考题】

（1）实验中还原胺化反应结束后用水萃取和两次用氯仿萃取的目的是什么？
（2）水蒸气蒸馏前为何要将溶液碱化？

实验 14　外消旋 α-苯乙胺的拆分

【反应式】

（±）-α-苯乙胺　　　（+）-酒石酸　　　　　（+）-胺·（+）-酒石酸盐　　　　　（−）-胺·（+）-酒石酸盐

【仪器与试剂】

仪器：旋光仪、分液漏斗、圆底烧瓶、容量瓶、抽滤装置 1 套、锥形瓶。

试剂：（±）-α-苯乙胺 4.5 g（37.5 mmol）、（+）-酒石酸 5.7 g（178.5 mmol）、NaOH、甲醇、乙醚、Na_2SO_4。

【实验步骤】

在 150 mL 圆底烧瓶中加入 75 mL 甲醇和（+）-酒石酸 5.7 g（178.5 mmol），温水浴上加热使其溶解。将浴液加热至近沸，加入（±）-α-苯乙胺 4.5 g（37.5 mmol）[1]。振荡后冷却至室温，塞住烧瓶，室温放置 24 h，应析出白色菱形晶体（若析出的晶体不是菱形而是针状或无定形，应重新加热结晶直至析出白色菱形晶体）[2]。减压抽滤，用少量冷甲醇洗涤晶体，抽干即得（−）-α-苯乙胺·（+）-酒石酸盐。将所得晶体置于锥形瓶中，加入 15 mL 水和 3 mL 50% NaOH 溶液。搅拌混合物至固体完全溶解。将溶液转入分液漏斗，用乙醚萃取（15 mL×3），合并有机相，无水 Na_2SO_4 干燥，过滤，将滤液转入圆底烧瓶，常压蒸馏除去乙醚后，再减压蒸馏，收集 81～81.5 ℃/2.4 kPa 的馏分，即得（−）-α-苯乙胺。称量，计算产率，测定（−）-α-苯乙胺的比旋光度，光学纯（−）-α-苯乙胺的比旋光度为−40.3°。如欲得（+）-α-苯乙胺，可提纯上述滤液。除去溶剂，得（+）-α-苯乙胺·（+）-酒石酸盐晶体。再用相同方法处理，即可得（+）-α-苯乙胺。

【注释】

[1] 需小心将（±）-α-苯乙胺加入热溶液中，以防止液体暴沸。

[2] 必须得到菱形晶体，这是实验成功与否的关键。

【思考题】

（1）本实验的关键步骤是什么？

（2）什么是外消旋体？

（3）本实验中，如何控制反应条件才能分离出纯的光学异构体？

3.3 扁桃酸的制备与拆分

扁桃酸，即苯乙醇酸，又名苦杏仁酸，是一种治疗尿道感染的口服药物；也可作为医药中间体，用于合成环扁桃酸酯、扁桃酸乌洛托品及阿托品类解毒剂；还可用作铜和锆的测定试剂。因此，探索扁桃酸的制备与拆分，进而获得光学纯扁桃酸在有机合成中具有重要意义。

扁桃酸的合成主要有苯甲醛合成法、苯乙酮衍生法、相转移催化法。传统上，扁桃酸可由 HCN 与 PhCHO 加成生成的扁桃腈[$C_6H_5CH(OH)CN$]和 $PhCOCH_3$ 二氯代产生的 α, α-二氯苯乙酮（$C_6H_5COCHCl_2$）水解制备。由于苯甲醛合成法会使用剧毒的氰化物，苯乙酮衍生法会使用有毒的氯气，操作不便且不安全，而相转移催化法反应条件温和，操作简单，收率高，具有明显优势。其合成过程如下：

$$HCCl_3 + NaOH \longrightarrow Cl_2C: + NaCl + H_2O$$

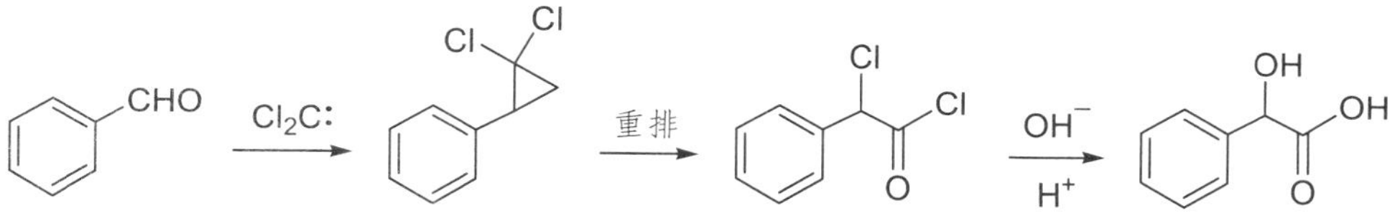

扁桃酸含有一个不对称碳原子，具有手性中心，用化学法制备的扁桃酸是外消旋体，只有通过手性拆分才能获得对映异构体。用旋光性的碱，如麻黄素可将其拆分为光学活性组分。利用天然光学纯（-）-麻黄素作为拆分剂，它与外消旋扁桃酸作用，生成两种非对映体盐（-）-麻黄碱·（+）-扁桃酸盐和（-）-麻黄碱·（-）扁桃酸盐。由于两种非对映体盐在无水乙醇中有不同的溶解度，可用分步结晶的方法将它们拆开，然后再用酸处理已拆分的盐，去掉（-）-麻黄碱，使扁桃酸重新游离出来，获得较纯的（-）-扁桃酸和（+）-扁桃酸，并通过旋光度（α）的测定，计算产物的比旋光度[α]和光学纯度（op）。其实验拆分过程如图 3-2 所示。

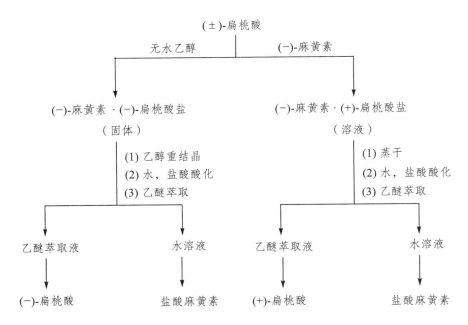

（±）-扁桃酸 分支流程：

- 无水乙醇 / （−）-麻黄素
- （−）-麻黄素·（−）-扁桃酸盐（固体）
  - (1) 乙醇重结晶
  - (2) 水，盐酸酸化
  - (3) 乙醚萃取
  - → 乙醚萃取液 → （−）-扁桃酸
  - → 水溶液 → 盐酸麻黄素
- （−）-麻黄素·（+）-扁桃酸盐（溶液）
  - (1) 蒸干
  - (2) 水，盐酸酸化
  - (3) 乙醚萃取
  - → 乙醚萃取液 → （+）-扁桃酸
  - → 水溶液 → 盐酸麻黄素

图 3-2 （−）-麻黄素拆分外消旋扁桃酸的实验流程

实验 15 相转移催化制备外消旋扁桃酸

【反应式】

$$\text{PhCHO} + \text{CHCl}_3 \xrightarrow[\text{氯化三乙基苄基铵}]{\text{50\% NaOH}} \text{PhCH(OH)COOH}$$

【仪器与试剂】

仪器：回流装置 1 套、蒸馏装置 1 套、抽滤装置 1 套、搅拌装置 1 套、恒压滴液漏斗、玻璃温度计、锥形瓶、量筒。

试剂：苯甲醛 21.2 g（200.0 mmol）、氯化三乙基苄基铵 3.0 g（14.0 mmol）、氯仿 32.0 mL（400.0 mmol）、50% NaOH 溶液、50% H_2SO_4、乙醚、无水 Na_2SO_4、无水乙醇、氯仿、甲苯、石油醚。

【实验步骤】

在 250 mL 三颈瓶中，依次加入苯甲醛 21.2 g（200.0 mmol）、氯化三乙基苄基铵 3.0 g（14.0 mmol）、氯仿 32.0 mL（400.0 mmol）。开动搅拌器[1]缓慢加热，待温度升至 55～60 ℃，用恒压滴液漏斗缓慢滴加 50 mL 50% NaOH 溶液。控制滴加速度，控制反应温度保持在 55～60 ℃。滴加完毕。在 55～60 ℃ 下继续搅拌反应 1 h。反应结束，将反应混合液冷却至室温，将反应混合物倒入 400 mL 水中，用乙醚萃取（40 mL×3），以除去未反应的氯仿等有机物，得亮黄色透明水相溶液。水相用 50% H_2SO_4 酸化至 pH = 1~2，用乙醚萃取（40 mL×4），合并有机相，无水 Na_2SO_4 干燥。常压蒸馏，除去乙醚，得扁桃酸粗产物。粗产物用甲苯重结晶[2,3]，抽滤，用少量石油醚洗涤，烘干，得纯品，称量，计算收率。纯品测定熔点和红外光谱，扁桃酸熔点 118.5 ℃。

【注释】

[1] 本实验为两相反应，剧烈搅拌有利于加速反应。

[2] 用甲苯重结晶时，1 g 扁桃酸所需甲苯用量约为 1 mL。

[3] 本实验也可用甲苯/无水乙醇（体积比 8∶1）重结晶，每克粗产品约需溶剂
   3 mL。

【思考题】

（1）本实验中，酸化前后两次用乙醚萃取的目的是什么？

（2）本实验反应为什么必须剧烈搅拌？

实验 16　外消旋扁桃酸的拆分

【反应式】

（±）-扁桃酸　　　（-）-麻黄素　　　（-）-麻黄碱·（-）-扁桃酸盐　　（-）-麻黄碱·（+）-扁桃酸盐

【仪器与试剂】

仪器：旋光仪、分液漏斗、圆底烧瓶、容量瓶、回流装置 1 套、抽滤装置 1 套、蒸馏装置 1 套、温度计、量筒、锥形瓶、表面皿。

试剂：（±）-扁桃酸 4.5 g（30.0 mmol）、（-）-麻黄素盐酸盐 6.0 g（30.0 mmol）、NaOH、无水乙醇、无水 Na_2SO_4、浓盐酸、乙醚。

【实验步骤】

1. 麻黄素的制备

在 100 mL 锥形瓶中，将（-）-麻黄素盐酸盐 6.0 g（30 mmol）[1]溶于 15 mL 水中，加入 NaOH 溶液（1.5 g NaOH 溶于 7.5 mL 水），摇荡混合后，（-）-麻黄素即游离出来。

冷却后用乙醚萃取（15 mL×2），合并有机相，用无水 Na_2SO_4 干燥。在 150 mL 圆底烧瓶中蒸去乙醚[2]，即得（-）-麻黄素。

2. 外消旋扁桃酸的拆分

将制得的麻黄素溶于 45 mL 无水乙醇，然后加入（±）-扁桃酸 4.5 g（30.0 mmol）溶于 15 mL 无水乙醇的溶液，混合均匀，隔绝潮气水浴回流 1.5～2 h。冷却至室温使其自然结晶，并在冰浴中冷却使其结晶完全。抽滤，粗产物用 60 mL 无水乙醇重结晶后得无色结晶，熔点 165 ℃。用 30 mL 无水乙醇再结晶得到白色粒状晶体，即为（-）-麻黄素·（-）-扁桃酸盐，熔点 169～170 ℃。将得到的（-）-麻黄素·（-）-扁桃酸非对映体盐溶于 15 mL 水，然后用浓盐酸酸化至 pH = 2～3（约需 1.5 mL 浓盐酸）。酸化后的水溶液用乙醚萃取（15 mL×2），合并有机相，用无水 Na_2SO_4 干燥后在水浴上蒸去乙醚，得（-）-扁桃酸白色结晶，熔点 131～132 ℃。萃取的水相倒入指定容器，以回收麻黄素[3]。

将两次结晶（-）-麻黄素·（-）-扁桃酸盐后的乙醇母液蒸去乙醇，并用水泵抽干。残留物中加入 30 mL 水，温热并搅拌使固体溶解，用浓盐酸酸化至 pH = 2～3，若有油状黏稠物出现，用滤纸滤掉。水溶液用乙醚萃取（15 mL×2），合并有机相，用无水 Na_2SO_4 干燥后在水浴上蒸去乙醚，得（+）-扁桃酸[4]。萃取的水相倒入指定容器，以回收麻黄素。

3. 比旋光度的测定

准确称量上述制得的（+）-扁桃酸和（-）-扁桃酸，用蒸馏水配成 2%的溶液[5]。测定比旋光度。并计算拆分后单个对映体的光学纯度。纯扁桃酸的[α] = +156°或-156°。

【注释】

[1] 盐酸麻黄素熔点 216～220 ℃，[α] = 33°～35.5°，符合要求。由于麻黄素可被不法分子用来制备冰毒，购置审批手续非常严格，药品的使用和保管必须有严格的监管制度。

[2] 蒸出的乙醚可用于下一步萃取。

[3] 将萃取后的水溶液蒸去大部分水后移至烧杯中浓缩至一定体积，冷却结晶，抽滤，干燥即可回收（-）-麻黄素。

[4] （+）-扁桃酸的分离相对困难，一般较难得到纯品。故建议学生实验时只分离（-）-扁桃酸。

[5] 如溶液浑浊，需用定量滤纸过滤。

【思考题】

（1）本实验提高产物光学纯度的关键步骤是什么？

（2）若测定扁桃酸的旋光度 α = -6°，如何确定其旋光度是-6°而不是+354°？

3.4 外消旋反-1,2-环己二胺的拆分

邻二胺（1,2-二胺）是催化剂和药物制备中经常使用的结构单元。便宜易得的 1,2-环己二胺在有机合成中应用广泛，对外消旋 1,2-环己二胺进行手性拆分可获得光学纯反-1,2-环己二胺。光学纯反-1,2-环己二胺是广泛使用的手性二胺，常用于手性席夫碱类配体及催化剂的合成，在不对称合成领域具有极其重要的作用。因此，探索外消旋 1,2-环己二胺的拆分，以获得光学纯反-1,2-环己二胺具有重要意义。

反-1,2-环己二胺无对称因素，存在对映异构体，市售反-1,2-环己二胺多为外消旋体，用光学纯的酸，如酒石酸可将其拆分为光学活性组分。L-酒石酸与外消旋反-1,2-环己二胺反应，形成反-1,2-环己二胺-酒石酸配合物的非对映异构体混合物。（R,R）-反-1,2-环己二胺与 L-酒石酸生成的配合物在水中的溶解度比（S,S）-反-1,2-环己二胺与 L-酒石酸生成的配合物低得多。因此，只有（R,R）-反-1,2-环己二胺·L-酒石酸配合物白色晶体从水溶液中析出，在溶液中剩下另一配合物，结晶分离得到（R,R）-反-1,2-环己二胺·L-酒石酸配合物，然后通过碱化从盐中获得（R,R）-反-1,2-环己二胺。本实验以 L-酒石酸为拆分剂，其实验拆分过程如图 3-3 所示。

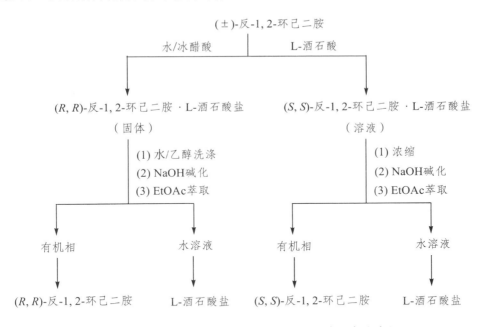

图 3-3 L-酒石酸拆分外消旋反-1,2-环己二胺的实验流程

实验 17 外消旋反-1,2-环己二胺的拆分

【反应式】

（±）-反-   L-酒石酸   (R, R)-反-1, 2-环己   (R, R)-反-1, 2-环己
环己二胺   二胺·L-酒石酸盐   二胺·L-酒石酸盐

【仪器与试剂】

仪器：电热套、圆底烧瓶、温度计、量筒、磁力搅拌器、分液漏斗、抽滤装置 1 套、旋光仪。

试剂：（±）-反-1, 2-环己二胺 6.0 g（52.6 mmol）、L-酒石酸 4.0 g（26.4 mmol）、氢氧化钾、乙醇、无水 Na_2SO_4、冰醋酸、EtOAc、CH_2Cl_2。

【实验步骤】

1. 反-1, 2-环己二胺的拆分

在 100 mL 圆底烧瓶中，将（±）-反-1, 2-环己二胺 6.0 g（52.6 mmol）溶于 10.0 mL 水中，搅拌下缓慢加入 L-酒石酸 4.0 g（26.4 mmol），并控制温度不超过 70 ℃。搅拌下缓慢滴加 2.6 mL 冰醋酸直至酒石酸完全溶解，并控制反应温度在 90 ℃ 左右。不断搅拌反应液冷却，直至析出沉淀。停止搅拌，冰水浴冷却 30 min，过滤得晶体，依次用 2.4 mL 冰水和 4.8 mL 乙醇洗涤晶体，抽干、水洗得白色固体。将固体转移至烧杯中，缓慢加入 3.6 mL 4 mol/L KOH 溶液，完全溶解后转入分液漏斗，用 EtOAc 萃取（20 mL×2），合并有机相，无水 Na_2SO_4 干燥，旋干，收集产物，称量，计算产率。

2. 比旋光度的测定

精确称取 500 mg 产物，配成 5 mL EtOH 溶液。用旋光仪测定旋光度，记录旋光度并计算比旋光度。

【思考题】

（1）L-酒石酸与反-1, 2-环己二胺反应时，温度为什么必须低于 70 ℃？

（2）为什么要逐滴加入冰醋酸？

3.5 手性席夫碱配体的制备

手性席夫碱类配体及催化剂在不对称合成领域具有极其重要的地位，用于多种不对称催化反应，具有优秀的手性控制能力。手性席夫碱类 salen 配体常以光学纯反-1, 2-环己二胺为手性源，经一步简单反应制得。其具备原料便宜易得，合成方法简单，合成收率高且自身稳定，同时具备优秀的手性诱导能力等特征。本实验以光学纯（R, R）-反-1, 2-环己二胺·L-酒石酸盐和邻羟基苯甲醛（水杨醛）为原料，经醛的亲核加成再脱水获得手性席夫碱 salen 配体。

实验 18　手性席夫碱配体 salen 的制备

【反应式】

（R, R)-反-1, 2-环己二胺·L-酒石酸盐　　　　　　　Salen

【仪器与试剂】

仪器：三颈瓶、回流冷凝管、量筒、磁力搅拌器、分液漏斗。

试剂：（R, R）-反-1, 2-环己二胺·L-酒石酸盐 5.0 g（19.0 mmol）、水杨醛 4.0 mL（38.0 mmol）、K_2CO_3 2.7 g（19.0 mmol）、CH_3OH、无水 Na_2SO_4、EtOAc。

【实验步骤】

在 250 mL 三颈瓶中，依次加入（R, R）-反-1, 2-环己二胺·L-酒石酸盐 5.0 g（19.0 mmol）、K_2CO_3 2.7 g（19.0 mmol）和 15 mL H_2O，搅拌使其充分溶解，再向其中加入 100 mL CH_3OH。套上回流冷凝管，加热至回流，向其中缓慢滴加水杨醛 4.0 mL（38.0 mmol）溶于 40 mL CH_3OH 的溶液（约 30 min）。滴加完毕，回流 4 h，冷却至室温，旋干甲醇，加入 60 mL EtOAc，用 40 mL 水洗涤，分液，有机相用无水 Na_2SO_4 干燥，旋干，收集产物，得黄色油状液体，称量，计算产率。

【思考题】

（1）能否用（R, R）-反-1, 2-环己二胺替代（R, R）-反-1, 2-环己二胺·L-酒石酸盐？

（2）若用（R, R）-反-1, 2-环己二胺替代（R, R）-反-1, 2-环己二胺·L-酒石酸盐怎么操作？

【参考文献】

SIMONE V S, CAROLA S, MARTEN S G A, et al. Development and mechanistic investigation of the manganese（Ⅲ）salen-catalyzed dehydrogenation of alcohols[J]. Chem. Sci., 2019, 10: 1150-1157.

3.6　手性膦配体的制备

近 20 年，不对称催化（尤其是配位化合物的不对称催化）是发展最快的不对称合成领域，其仅需少量手性催化剂便可高收率获得单一手性对映异构体。手性过渡金属配合物在不对称催化氢化、不对称硅烷化、不对称羰基合成、不对称碳-碳键形成、不对称环氧化和不对称聚合等反应中均取得了优秀的研究成果。不对称催化研究的主要问题是手性催化剂及手性配体的合成。目前，在透彻了解手性催化剂或手性配体的结构和催化机理前提下，设计合成一个新的手性配体应当预见其立体选择性和可能达到的最佳结果，且合成简单易行，尽可能使用天然产物衍生出来的手性原料，避免拆分。

Wilkinson 催化剂——三（三苯基膦）氯化铑[Rh(Ph₃P)₃Cl]是一个活性很高的催化剂，可在常温常压下实现多种烯烃的均相催化氢化。若把这种催化剂的配体三苯基膦替换成含磷手性结构，就可实现潜手性烯烃的不对称催化氢化。修饰后的 Wilkinson 催化剂是含有二苯基叔膦的单齿或双齿配体，其手性中心可在碳链上，也可在磷原子上。如下所示，DIOP 和 CHIRPHOS 的手性在碳链上；DIPAMP 和 ACMP 的手性在磷原子上。

DIOP   CHIRPHOS

DIPAMP   ACMP

实验 19 手性膦配体 DIOP 的制备

【反应式】

【仪器与试剂】

仪器：索氏提取装置 1 套、回流装置 1 套、蒸馏装置 1 套、抽滤装置 1 套、减压蒸馏装置 1 套、三颈瓶、精馏柱、分液漏斗、玻璃温度计、锥形瓶、量筒、烧杯。

试剂：丙酮 29.7 g（510 mmol）、原甲酸三乙酯 87.8 g（585 mmol）、$LiAlH_4$ 57.0 g（1500 mmol）、Ph_3P、（+）-酒石酸 75.0 g、TsCl 32.3 g（170 mmol）、TsOH、吡啶、碳酸钾、乙醇钠、无水 THF、浓硫酸、乙醚、无水 $MgSO_4$、无水 Na_2SO_4、无水乙醇、乙酸乙酯。

【实验步骤】

1. 2,2-二乙氧基丙烷的合成

$$CH_3COCH_3 + HO(OC_2H_5)_3 \xrightarrow{EtOH/H^+} (CH_3)_2C(OCH_3)_2 + HCOOC_2H_5$$

在 500 mL 三颈瓶中，依次加入丙酮 29.7 g（510 mmol）、原甲酸三乙酯 87.8 g（585 mmol）、TsOH 0.12 g 和 150 mL 无水乙醇，回流 50 min，趁热加入 CH_3CH_2ONa，使反应液呈碱性（pH = 8）。冷却至室温，转入 1000 mL 烧杯中，加入 600 mL 水稀释，分去水层，有机层用水洗涤（40 mL×2），然后用无水 Na_2SO_4 干燥，蒸馏，得产物，称量，计算收率。2,2-二乙氧基丙烷沸点 113～115 ℃。

2. 酒石酸二乙酯的合成

在装有分水器的 500 mL 三颈瓶中加入 75.0 g 酒石酸、185 mL 无水乙醇、22.5 mL 甲苯和 1.5 mL 浓硫酸，回流至计算量的水分逸出为止。用 K_2CO_3 中和反应液，滤去残液，蒸去乙醇和甲苯后，减压蒸馏，收集 142 ℃/1066 Pa 馏分，称量，计算收率。

3. 2, 3-O-异丙叉酒石酸二乙酯的合成

在 500 mL 圆底烧瓶中，依次加入酒石酸二乙酯 39.8 g（193.2 mmol）、2, 2-二乙氧基丙烷 20.5 g（230 mmol）、TsOH 0.09 g 和 75 mL 甲苯，摇匀，回流 30 min。用精馏柱分馏甲苯-乙醇共沸物（共沸点 76.7 ℃）。待温度上升，不再有馏液馏出，停止加热。冷却至室温，用 K_2CO_3 中和反应液，滤去残渣，减压蒸馏，除去甲苯和未反应的 2, 2-二乙氧基丙烷，产物为无色透明液体，称量，计算收率。2, 3-O-异丙叉酒石酸二乙酯沸点 118 ~ 124 ℃/533 Pa。

4. 2, 3-O-异丙叉-2, 3-二羟基-1, 4-丁二醇的合成

在 500 mL 三颈瓶中，加入 85 mL 无水 THF 和 $LiAlH_4$ 57.0 g（1500.0 mmol），回流并剧烈搅拌 30 min，移去热源，滴加 2, 3-O-异丙叉-O-酒石酸二乙酯 26.0 g（约 1055.0 mmol）溶于 105 mL 无水 THF 的溶液。控制滴加速度，保持反应液正常回流，滴加完毕回流 3 h。滴加 10.5 mL EtOAc，冷却至 0 ~ 5 ℃，依次加入 9 mL 水、9 mL 4 mol/L NaOH 溶液和 27 mL 水。抽滤，固体用乙醚在索氏提取器中提取，合并滤液和提取液，用无水 $MgSO_4$ 干燥。过滤，减压蒸馏，得无色黏稠液体，室温慢慢结晶成针状晶体，称量，计算收率。2, 3-O-异丙叉-2, 3-二羟基-1, 4-丁二醇沸点 114 ~ 116 ℃/267 Pa，熔点 49 ~ 51 ℃。

5. 2, 3-O-异丙叉-2, 3-二羟基-1, 4-双（对甲苯磺酸）丁酯的合成

通风橱中，将 2, 3-O-异丙叉-2, 3-二羟基-1, 4-丁二醇 12.8 g（795.0 mmol）加入盛有 7.5 mL 干燥吡啶的 250 mL 圆底烧瓶中，装上直形冷凝管和氯化钙干燥管，摇荡使其溶解。冷却至-10 ℃。加入 TsCl 32.3 g（170.0 mmol），磁力搅拌至固体溶解，反应呈橙黄色透明液，继续搅拌，析出沉淀。0 ℃下放置 10 h，冰水浴搅拌下滴加 185 mL

水，沉淀析出。在 0 ℃ 放置 4 h，抽滤，依次用水、95%乙醇洗涤。晾干，用 95% 乙醇重结晶，得白色针状晶体，称量并计算收率。2, 3-O-异丙叉-2, 3-二羟基-1, 4-双（对甲苯磺酸）丁酯熔点 89.5 ~ 91.5 ℃。

6. DIOP 的合成

$$Ph_3P \xrightarrow[\text{THF}]{\text{Li}} Ph_2PLi$$

将 Ph$_3$P 35.3 g（135 mmol）和干燥的 115 mL THF 加到装有冷凝管和滴液漏斗的 250 mL 二颈瓶中。氮气保护下，搅拌使 Ph$_3$P 溶解，然后加入 2.6 g 金属锂，几分钟后反应液逐渐变红，并伴随着热量放出。搅拌 3 h 后，反应结束。滴加 15 mL(CH$_3$)$_3$Li。冰水浴冷却，滤去未反应的锂，滴加 30.0 g（64.5 mmol）溶于 75 mL THF 双（对甲苯磺酸）酯，室温搅拌 2 h。减压蒸去溶剂，加入 60 mL 水，分出有机层，水层用甲苯萃取（25 mL×3）。合并有机相，减压蒸去溶剂，得黄色胶状物。加 90 mL 95% EtOH 搅拌，冰水浴冷却，析出沉淀，抽滤，得白色糊状物。用 100 mL 95% 乙醇重结晶，得白色固体，晾干，称量并计算收率，测熔点。DIOP 熔点 89 ~ 91.5 ℃。

【注释】

[1] LiAlH$_4$ 在干燥的室温下较稳定，在潮湿空气中易分解，易跟水和醇反应放出氢气，且加热至 130 ℃ 易分解。故应密封保存，使用时注意安全。
[2] Ph$_3$P 易氧化，需重结晶后再使用。

【思考题】

（1）本实验为什么需要用无水乙醇作为反应溶剂？
（2）使用金属锂的注意事项有哪些？

3.7 手性双氮氧化合物的制备

由四川大学冯小明课题组开发的手性双氮氧化合物被称为"冯氏配体"，面向全世界销售，具有优异的手性控制能力，实现了 60 多类重要不对称催化反应，如首例催化不对称 α-取代重氮酯与醛的反应，被国外人名反应专著冠名为 Roskamp-Feng 反应。手性双氮氧化合物在不对称合成领域将发挥重要作用，为一些重要生理活性手性化合物的合成提供有效方法。

手性双氮氧化合物以廉价易得的天然氨基酸为原料，通过简单的保护、酰胺化、去保护、偶联和氧化反应制备。合成路线简单、原料便宜易得、操作简便、易于合成。以 L-脯氨酸为手性源，经 Boc 保护生成 Boc-L-脯氨酸，其与苯胺通过经典接肽方法生成 Boc-L-脯氨苯酰胺，酸性条件下脱除 Boc 保护基，然后与 1,3-二溴丙烷发生偶联，得到二叔胺酰胺化合物，再将其在低温下双氧化即可获得光学纯双氮氧化合物。

实验 20　脯氨酸衍生手性双氮氧化合物的制备

【反应式】

【仪器与试剂】

仪器：圆底烧瓶、量筒、磁力搅拌器、分液漏斗、抽滤装置 1 套、回流装置 1 套、层析柱。

试剂：L-Boc-脯氨酸 4.30 g（20.0 mmol）、Et$_3$N 6.0 mL（22.0 mmol）；ClCOO(i-Bu) 5.8 mL（22.0 mmol）、苯胺 2.05 g（22.0 mmol）、1,3-二溴丙烷 0.83 mL（4.0 mmol）、m-CPBA 10.5 g（6.0 mmol）、TFA；KHSO$_4$、NaHCO$_3$、NaCl、NaOH、无水 Na$_2$SO$_4$、CH$_3$CN、CH$_2$Cl$_2$。

【实验步骤】

1. L-Boc-脯氨苯酰胺的制备

在 100 mL 圆底烧瓶中，将 L-Boc-脯氨酸 4.30 g（20.0 mmol）溶于 40 mL CH$_2$Cl$_2$ 中，冰浴下加入 Et$_3$N 6.0 mL（22.0 mmol）和 ClCOO (i-Bu) 5.8 mL（22.0 mmol），冰浴下搅拌 20 min，加入苯胺 2.05 g（22.0 mmol），移走冰浴，待反应回到室温，回流 4 h。反应完毕，依次用 1 mol/L KHSO$_4$、饱和 NaHCO$_3$ 和饱和 NaCl 水溶液洗涤，再用无水 Na$_2$SO$_4$ 干燥，浓缩 CH$_2$Cl$_2$，得白色固体粗产品，称量，计算收率。

2. L-脯氨苯酰胺的制备

在 100 mL 圆底烧瓶中，将 L-Boc-脯氨苯酰胺 4.64 g（16.0 mmol）溶于 20 mL CH_2Cl_2 中，加入 10 mL TFA，室温搅拌 2 h，待反应完全，向反应混合液中加入 80 mL CH_2Cl_2，加入饱和 K_2CO_3 溶液使体系至弱碱性，再向体系中加入 2 mol/L NaOH 溶液，调节 pH = 10 ~ 11。用 CH_2Cl_2 萃取（50 mL×3），合并有机相，再用无水 Na_2SO_4 干燥，浓缩，得白色固体粗产品，称量，计算收率。

3. L-脯氨苯酰胺偶联制备双叔胺酰胺

在 100 mL 圆底烧瓶中，将 L-脯氨苯酰胺 2.28 g（12.0 mmol）溶解于 40 mL CH_3CN 中，加入 K_2CO_3 8.3 g（60.0 mmol）和 1,3-二溴丙烷 0.83 mL（4.0 mmol）回流。待反应完全，过滤，用 CH_2Cl_2 洗涤滤渣，合并滤液，浓缩，得白色固体粗产品，称量，计算收率。

4. 双氮氧化合物的制备

在 250 mL 圆底烧瓶中，将 L-脯氨苯酰胺偶联制备的双叔胺酰胺 2.10 g（5.0 mmol）溶于 50 mL CH_2Cl_2 中，冰盐浴下缓慢加入 m-CPBA 10.5 g（6.0 mmol），−20 ℃ 反应 20 min，向反应混合液中加入 100 mL CH_2Cl_2，加入饱和 K_2CO_3 溶液使体系至弱碱性（pH = 8 ~ 9）。用 CH_2Cl_2 萃取（50 mL×3），合并有机相，用无水 Na_2SO_4 干燥，浓缩，硅胶柱纯化得到白色固体粉末，称量，计算收率。

【思考题】

（1）除了本实验中的方法，还有哪些接肽方法，优缺点各有哪些？

（2）脱除 Boc 保护基，可否用盐酸/二氧六环溶液？

【参考文献】

HUANG J L, LIU X H, WEN Y H, et al. Enantioselective strecker reaction of phosphinoyl ketoimines catalyzed by in situ prepared chiral N, N'-Dioxides[J]. J. Org. Chem, 2007, 72: 204-208.

4

金属有机化学合成实验

金属有机化学是一门前沿学科，也是化学的一个重要分支学科。金属有机化学主要的研究内容是含有碳-金属键的化学。自 20 世纪 60 年代以来，金属有机化学经历了蓬勃的发展，它的发展打破了传统的有机化学和无机化学的界限，又与理论化学、合成化学、催化、结构化学、生物无机化学、高分子化学等交织在一起，成为近代化学前沿领域之一。如今，金属有机化学可以分为两个方面：过渡金属有机化学和稀土金属有机化学。过渡金属有机化学与催化科学有着密切联系，二者的融合不仅能够创造出选择性较强、活性较高的新型催化剂，还广泛应用于材料、农业、工业等领域。同时一些过渡金属有机物本身就是非常有效的抗癌药物、杀菌剂、抗生素等药物。稀土金属有机化合物由于其独特的结构和光学特性引起了国内外科学家的广泛关注，成为风靡一时的研究热点。

金属参与的有机合成实验包括还原反应（如过渡金属参与的催化氢化反应、Bouveault-Blanc 还原反应、Clemmensen 还原），氧化反应（如烯烃的 Wacker 氧化），还有获得 2005 年诺贝尔奖的烯烃复分解反应和获得 2010 年诺贝尔奖的偶联反应（如 Heck 反应、Suzuki 反应、Negishi 反应），以及格氏试剂参与的各种加成反应等。

金属有机实验课的开设，能有效地培养学生的创新思维和独立分析问题、解决问题的能力。因此本章主要以金属为基础进行多类有机合成实验，使学生对金属有机化学有所理解，对微量反应有所了解，对敏感化合物的实验操作和无水无氧装置的组装和应用有所体会。

4.1　格氏试剂的制备与应用

格氏试剂是一种含卤化镁的有机金属化合物，由有机卤素化合物（卤代烷、活泼卤代芳烃）与金属镁在绝对无水醚类溶剂中反应形成。由于其含有碳负离子，可通过烷基化、羰基加成、共轭加成等反应增长碳链；也可用于制备其他有机金属化合物；还可以脱去亚胺的 α-氢用于 α-烷基醛的合成。该部分课程的目的在于让学生掌握格氏试剂的制备技巧，并能熟练地运用格氏试剂合成多种有机化合物。

实验 21　2-烯丙基-2-苯基环氧乙烷的合成

【反应式】

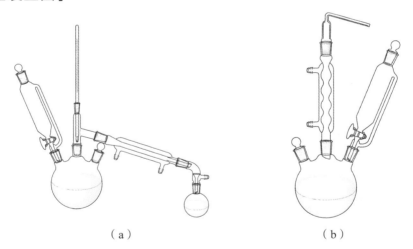

【仪器与试剂】

仪器：三口烧瓶、圆底烧瓶、恒压滴液漏斗、回流冷凝管、温度计、温度计套管、蒸馏头、直形冷凝管、尾接管、干燥管。

试剂：烯丙醇 6.8 mL（100 mmol）、40%氢溴酸 16 mL、浓硫酸 2.7 mL、镁屑 1.3 g（55 mmol）、α-溴代苯乙酮 2 g（10 mmol）、氯化钙。

【实验装置图】

（a）　　　　　　　　　　（b）

图 4-1　2-烯丙基-2-苯基环氧乙烷的合成实验装置

【实验步骤】

1. 烯丙基溴的制备

如图 4-1（a）所示，在装有磁力搅拌子、恒压滴液漏斗和蒸馏装置的 100 mL 三口烧瓶中加入 16 mL 40%的氢溴酸和 6.8 mL 烯丙醇（100 mmol）。水浴加热，将 2.7 mL

浓硫酸从滴液漏斗中缓慢地加到温热的溶液中（水浴温度 75～90 ℃），并不断地蒸出产物。用分液漏斗萃取有机层，分别用 10%碳酸钠水溶液和饱和食盐水洗涤有机相两次，最后有机相用无水氯化钙干燥，常压蒸馏，收集 69～72 ℃的馏分，即为烯丙基溴[1]。

2. 烯丙基溴化镁的制备

如图 4-1（b）所示，在带有磁力搅拌子的已预先干燥过的 250 mL 三口烧瓶上分别装置恒压滴液漏斗和回流冷凝管，在冷凝管上口装置氯化钙干燥管，并密封恒压滴液漏斗上口。瓶内放置 1.3 g 镁屑或除去氧化膜的镁条，在滴液漏斗中混合 4.3 mL 烯丙基溴（50 mmol）和 50 mL 无水四氢呋喃。随后将反应瓶通入 N_2，通过排空法尽量将反应装置中的空气用 N_2 置换。置换 N_2 后，先向三口瓶内滴入约 5 mL 烯丙基溴混合液，数分钟后，反应混合物从黄色变成浑浊的灰色，溶液呈微沸状态。此刻反应已经被引发，随后在冰浴搅拌下缓慢滴加剩余的烯丙基溴四氢呋喃溶液，控制滴加速度维持反应液呈微沸状态。反应开始比较剧烈，可以使用冰水浴冷却，若反应过程中不见微沸状态，需暂时移开冰浴。滴加完毕后移去冰浴，室温搅拌 2 h，即制得烯丙基溴化镁四氢呋喃溶液[2]。

3. 2-烯丙基-2-苯基环氧乙烷的制备

将 α-溴代苯乙酮 2 g（10 mmol）放入带有磁力搅拌子的 150 mL 圆底烧瓶中，利用双排管置换 N_2，然后加入 40 mL 无水四氢呋喃。在室温搅拌下，用注射器向该溶液中滴入 25 mL 上述制备的烯丙基溴化镁四氢呋喃溶液。滴加完毕室温搅拌 30 min，反应结束后向反应瓶内滴加 20 mL 冰水，再用乙醚萃取（25 mL×3）反应混合物。乙醚溶液用饱和食盐水洗涤后，用无水 Na_2SO_4 干燥。将醚溶液的溶剂蒸干后得到无色油状液体，即为 2-烯丙基-2-苯基环氧乙烷。粗产品可通过柱层析的方式进一步提纯。

【注释】

[1] 纯品烯丙基溴是无色至淡黄色液体，具有刺激性气味。因此在蒸馏前需要检查反应装置气密性，避免烯丙基溴逸出。

[2] 格氏反应的仪器在使用前需要完全干燥，反应所用的溶剂也需要无水处理，反应装置一般需要氮气保护。格氏试剂在引发过程中需要严格控制反应温度，当引发不成功时可用水浴或手掌温热或加入一两粒碘促进反应的发生，引发成功以后如反应温度过高需要用冰水浴或湿毛巾降低反应温度。在制备过程中也需要控制反应温度，保持反应液微沸为最佳温度。

【思考题】

（1）在制备烯丙基溴化镁的实验中一次性加入烯丙基溴有什么不好？

（2）在制备格氏试剂时为什么要将反应容器完全干燥？

（3）本实验得到的粗产品能不能用无水氯化钙干燥，为什么？

【参考文献】

FAN L, ZHANG M, ZHANG S. An efficient synthetic method for allyl-epoxides viaallylation of α-haloketones or esters with allylmagnesium bromide[J]. Org. Biomol. Chem., 2012, 10: 3182-3184.

实验22　2-乙酰基吡嗪的合成

【反应式】

$$CH_3I + Mg \xrightarrow{Et_2O} CH_3MgCl$$

【仪器与试剂】

仪器：三口圆底烧瓶、恒压滴液漏斗、回流冷凝管、温度计、温度计套管、蒸馏头、直形冷凝管、尾接管、干燥管。

试剂：碘甲烷 1.9 mL（30 mmol）、镁 0.75 g（31 mmol）、2-氰基吡嗪 1.4 g（13 mmol）、碘、无水氯化钙、无水乙醚。

【实验步骤】

在 100 mL 三口圆底烧瓶上装置回流冷凝管和两只恒压滴液漏斗，在冷凝管及滴液漏斗的上口装置氯化钙干燥管。瓶内放入镁屑 0.75 g（31 mmol）、一小粒碘，磁力搅拌子以及 5 mL 无水乙醚[1]，在其中一个恒压滴液漏斗中混合 1.9 mL 碘甲烷（30 mmol）和 25 mL 无水乙醚，另一个恒压滴液漏斗中混合 2-氰基吡嗪 1.4 g（13 mmol）和 15 mL 无水乙醚。先将 5 mL 碘甲烷乙醚溶液滴入圆底烧瓶中，温热反应瓶，数分钟后即见镁屑表面有气泡产生，溶液轻微浑浊，碘的颜色消失。若反应过程比较剧烈，可以使用冰水浴冷却；若反应不发生，可用水浴或手掌温热或再加入一小粒碘。反应开始后开动搅拌，缓缓滴入其余的碘甲烷乙醚溶液，滴加速度保持溶液呈微沸状态。待回流冷凝器底端回流平稳后继续搅拌 1 h，然后将 2-氰基吡嗪的乙醚溶液滴加到反应液中。滴加完毕在 35 ℃ 下继续反应 1 h。反应完成后降至室温，向瓶中加入 20 mL 水，然后用 30%的盐酸调整 pH 在 5 以下，再用乙醚萃取反应液。有机相蒸馏出乙醚后得棕红色固体粗品，粗品用乙醇重结晶得到白色晶体 2-乙酰基吡嗪[2]。纯 2-乙酰基吡嗪熔点为 75～78 ℃。

【注释】

[1] 该反应也可使用甲基叔丁基醚替代乙醚，但要维持反应温度在 50 ~ 55 ℃。

[2] 2-乙酰基吡嗪具有爆米花香味，广泛存在于天然植物中，是香料行业重要的合成香料，可用于食用香精和烟用香精。

【思考题】

（1）制备格氏试剂时为什么使用醚类试剂充当反应溶剂？

（2）用盐酸调整 pH 的目的是什么？

（3）本实验有哪些可能的副反应，如何避免？

【参考文献】

[1] 陈祥，卫洁，宋成斌，等. 2-乙酰基吡嗪的合成工艺优化研究[J]. 山东化工，2018，47：53.

[2] 王海滨，郑洁，孙莉，等. 2-乙酰基吡嗪的合成及应用研究进展[J]. 有机化学，2011，31：1180-1187.

4.2 金属参与的还原反应

金属参与的还原反应在精细有机合成中是一类非常重要的反应。例如过渡金属参与的催化氢化，由于其催化效率高、催化剂能反复使用和无环境污染等优势，在碳碳双键、碳碳三键、羰基化合物等有机结构的还原反应中有着广泛的用途。金属的还原性也非常强，可以还原除孤立烯烃以外几乎所有的官能团，如锌汞齐还原醛酮的 Clemmensen 还原反应，金属-液氨-醇体系还原苯环的 Birch 还原反应，钠或锂的液氨溶液对炔烃的反式还原反应等。除此之外，金属氢化物[如 $LiAlH_4$，$NaBH_4$，$(i\text{-}Bu)_2AlH$，$Ni(BH_4)_2$]进行的负氢转移在还原反应中也有着广泛的应用。

实验 23 锌粉还原制备二苯甲醇

【反应式】

$$C_6H_5COC_6H_5 \xrightarrow{\text{Zn+NaOH}} C_6H_5CH(OH)C_6H_5$$

【仪器与试剂】

仪器：圆底烧瓶、抽滤瓶、布氏漏斗。

试剂：二苯甲酮 1.83 g（10 mmol）、锌粉 2 g（30 mmol）、氢氧化钠 2.0 g（50 mmol）、

95%乙醇、浓盐酸、石油醚（60~90 ℃）。

【实验步骤】

在装有冷凝管和磁力搅拌子的 50 mL 圆底烧瓶中，依次加入氢氧化钠 2.0 g、二苯甲酮 1.83 g、锌粉 2 g[1]和 20 mL 95%乙醇，充分搅拌，使氢氧化钠和二苯甲酮逐渐溶解，反应微微放热，室温搅拌 20 min 后，在 80 ℃ 的油浴上继续搅拌 2 h。反应物冷却后，真空抽滤，用少量的乙醇洗涤滤饼。滤液倒入 80 mL 冰水浴中，摇荡混匀后，用浓盐酸小心酸化，使溶液 pH=5~6[2]，真空抽滤析出的固体，并干燥。粗产品用 15 mL 石油醚重结晶。纯二苯甲醇为针状晶体，熔点 68~69 ℃。

【注释】

[1] 本实验使用的锌粉需要活化。锌粉活化的方法：取锌粉 30 g，加入 3 mol/L 盐酸 100 mL，在室温下搅拌、浸泡、洗涤至无气泡产生（此时锌粉颜色变亮），抽滤，水洗至中性，再用无水乙醇洗涤三次，乙醚洗涤三次。最后真空干燥即可。

[2] 酸化时溶液酸性不宜太强，否则难于析出固体。

【思考题】

（1）实验所用锌粉为什么需要活化？
（2）用浓盐酸酸化的目的是什么？

实验 24　铁粉还原制备苯胺

【反应式】

$$4C_6H_5NO_2 + 9Fe + 4H_2O \xrightarrow{H^+} 4C_6H_5NH_2 + 3Fe_3O_4$$

【仪器与试剂】

仪器：圆底烧瓶、回流冷凝管、直形冷凝管、蒸馏头、尾接管、抽滤瓶、布氏漏斗、分液漏斗、接收瓶。

试剂：硝基苯 5.1 mL（50 mmol）、还原铁粉 8.4 g（40~100 目，150 mmol）、冰醋酸、乙醚、氢氧化钠。

【实验步骤】

在 100 mL 圆底烧瓶中放置还原铁粉 8.4 g（150 mmol）、15 mL 水及 1.0 mL 冰醋酸，振荡使充分混合。随后装上回流冷凝管，用小火在石棉网上加热煮沸约 10 min。

稍冷后，从冷凝管顶端分 3 次加入 5.1 mL 硝基苯（50 mmol），每次加完后要用力摇振，使反应物混合充分。由于此反应为放热反应，每次加入硝基苯时，均有一阵猛烈的反应发生。加完后，将反应物加热回流，并时加摇动，当回流液中黄色油状物消失而转变成乳白色油珠时，表示已经反应完全[1]。反应液冷却后，抽滤，用少量水洗涤滤饼。收集滤液，用浓盐酸小心酸化，使溶液 pH=5～6。将溶液转入分液漏斗，水相用 30 mL 乙醚萃取，弃去有机相。水相用 10% 氢氧化钠溶液再次调节 pH=9～10，然后加入食盐饱和[2]，再用 20 mL 乙醚萃取 3 次。合并苯胺层和乙醚萃取液，用粒状氢氧化钠干燥。将干燥后的苯胺乙醚溶液倒入蒸馏瓶中，先水浴上蒸去乙醚，残留物用空气冷凝管蒸馏，收集 180～185 °C 馏分。

纯苯胺的沸点为 184.4 °C，折射率 n_D^{20}=1.586 3。

【注释】

[1] 反应完成后，圆底烧瓶壁上会附着黑色胶状物，可用稀盐酸温热除去。

[2] 在 20 °C 水溶液中，苯胺的溶解度为 3.4 g/ 100 mL，为了减少苯胺损失，加入食盐饱和水溶液，这样溶于水中的绝大部分苯胺就呈油状析出。

【思考题】

（1）在反应开始时加入冰醋酸的目的是什么？

（2）如果最后制得的苯胺中含有硝基苯，应如何加以分离提纯？

实验 25　Pd/C 催化氢化合成邻苯二胺

【反应式】

【仪器与试剂】

仪器：高压氢化反应釜、气相色谱仪。

试剂：邻硝基苯胺 6.8 g（50 mmol）、氢气、5% Pd/C 催化剂。

【实验步骤】

称取 15 mg 5% 的 Pd/C 催化剂加入高压氢化反应釜[1]，依次加入邻硝基苯胺 6.8 g（50 mmol）和 30 mL 甲醇，用纯氢气置换反应体系的空气 3 次，充氢气[2]至 0.8 MPa，关闭进气阀门，控制搅拌速率 900 r/min，升高反应温度至 100 °C，反应 100 min，待反应完全后冷却，放料[3]，蒸出溶剂甲醇，取样用气相色谱分析反应情况。反应混合物也可通过柱色谱分离。纯邻苯二胺为无色结晶，熔点 99 ~ 102 ℃。

【注释】

[1] 高压反应釜要在指定的地点使用，并按照使用说明进行操作。查明刻于主体容器上的试验压力、使用压力及最高使用温度等条件，要在其容许的条件范围内进行使用。

[2] 氢气易燃易爆，实验过程中必须注意安全！严格按操作规范进行，并注意室内通风，熄灭一切火源！

[3] 由于还有氢气残留，因此在反应完成放料时需要在通风橱中进行。

【思考题】

（1）本反应除了用金属 Pd 以外还可以选用哪些金属进行还原反应？
（2）查阅资料，收集催化剂循环使用的操作和方法。

【参考文献】

[1] 杨乔森. Pd/C 催化剂催化邻硝基苯胺加氢制备邻苯二胺[J]. 工业催化，2014，22：966-968.

[2] 翟康，王昭文，张磊，等. 邻硝基苯胺合成邻苯二胺用 Pd/C 催化剂研究[J]. 工业催化，2020，28：61-64.

4.3　过渡金属催化的交叉偶联反应

在过去的 50 年中，过渡金属催化的交叉偶联反应逐渐发展成为一种应用广泛的有机合成方法，已成为构建 C—C、C—N 键的强有力工具，在天然产物合成、医药以及新型高分子材料制备领域有着重要的应用。2010 年诺贝尔化学奖就授予了在"有机合成中钯催化交叉偶联"领域做出突出贡献的美国与日本三位科学家——理查德·海克（Richard F. Heck），根岸英一（Eiichi Negishi）及铃木章（Akira Suzuki）。在已发展的交叉偶联反应中，钯是使用最为广泛的过渡金属，除此之外还有铜、铁、铢、金等。最近几年，过渡金属催化的 C—H 键的直接官能团化反应，已经成为合成多样性活性分子的重要手段之一。与传统的交叉偶联反应相比较，C—H 键官能团化反应避免了预先对底物进行功能化（如卤化反应），而是在金属催化的作用下，直接由 C—H 键活化与其他试剂发生偶联，快速构建 C—C 键或 C—X 键（X=O、N、S 等）。这种策略因具有较高的原子和步骤经济性等低碳化学特点，已经替代传统的交叉偶联反应，为复杂多样性药物分子的制备提供了简便的合成渠道。

实验 26　钯催化 Heck 反应合成肉桂酸

【反应式】

【仪器与试剂】

仪器：圆底烧瓶、回流冷凝管、布氏漏斗、抽滤瓶。

试剂：碘苯 1.7 mL（15 mmol）、丙烯酸 1.2 mL（18 mmol）、碳酸钠 3.2 g（30 mmol）、醋酸钯 17 mg（0.075 mmol）、三聚氰胺 38 mg（0.3 mmol）、硅藻土、盐酸。

【实验步骤】

在 100 mL 圆底烧瓶中加入 17 mg 醋酸钯和 38 mg 三聚氰胺，再加入 50 mL 蒸馏水，室温搅拌 6 min。用注射器分别抽取 1.7 mL 碘苯（15 mmol）和 1.2 mL 丙烯酸（18 mmol）加入上述反应瓶中，再缓慢加入 3.2 g 碳酸钠，加热、搅拌下回流 45 min[1]。移除热源，趁热进行减压抽滤，抽滤时在布氏漏斗的滤纸上垫一层硅藻土，厚度约 1 cm。将滤液转移至 250 mL 烧杯中，搅拌下滴加约 45 mL 1 mol/L 盐酸，析出白色固体。减压过滤，将烧杯内生成的固体完全转移至布氏漏斗中，并用少量冰水洗涤。收集固体产品于表面皿，置于烘箱中，于 110 ℃ 下干燥半小时，称量并计算收率。纯肉桂酸为白色结晶，熔点 300 ℃。

【注释】

[1] Heck 反应中要注意反应温度，加热温度要使反应液呈回流状态，这样不仅能缩短反应时间，还能提高产率。

【思考题】

（1）本反应使用三聚氰胺的目的是什么？

（2）Heck 反应的机理是什么？

【参考文献】

[1] 查正根，金谷，兰泉，等. 肉桂酸的逆合成分析、合成设计及实验制备[J]. 大学化学，2019，34：53-59.

[2]　EDWARDS G A, TRAFFORD M A, HAMILTON A E, et al. Melamine and melamine- formaldehyde polymers as ligands for palladium and application to Suzuki-Miyaura cross-coupling reactions in sustainable solvents[J]. J. Org. Chem, 2014, 79: 2094.

实验 27　钯/β-环糊精催化的 Suzuki-Miyaura 反应合成 4-乙酰基联苯

【反应式】

【仪器与试剂】

仪器：圆底烧瓶、回流冷凝管、分液漏斗、锥形瓶、层析柱。

试剂：4-溴苯乙酮 1.99 g（10 mmol）、苯硼酸 1.22 g（10 mmol）、氯钯酸钠 29 mg（Na_2PdCl_4，0.1 mmol）、β-环糊精 113 mg（β-Cyclodextrin，β-CD，0.1 mmol）、氢氧化钠 0.4 g（10 mmol）、无水硫酸钠、乙酸乙酯、石油醚（60～90 ℃）、柱色谱硅胶（200～300 目）。

【实验步骤】

在含有磁力搅拌子的 100 mL 圆底烧瓶中分别加入氯钯酸钠 29 mg、β-环糊精 113 mg、氢氧化钠 0.4 g 及 25 mL 蒸馏水，磁力搅拌下回流 10 min，然后冷却至室温。随后将 4-溴苯乙酮 1.99 g（10 mmol）和苯硼酸 1.22 g（10 mmol）加入上述溶液中，磁力搅拌下加热回流 2 h。反应完成后，用 25 mL 乙酸乙酯萃取反应液 3 次，合并有机相，用无水硫酸钠干燥，然后常压蒸馏除去乙酸乙酯。粗产品用柱色谱快速分离纯化[洗脱剂：乙酸乙酯/石油醚（体积比 1∶6），R_f= 0.4]，得 4-乙酰基联苯白色晶体。称量，计算产率，测定熔点。纯 4-乙酰联苯为白色固体结晶，熔点 116～118 ℃。

【思考题】

[1] 为什么让氯钯酸钠、β-环糊精和氢氧化钠先搅拌 10 min？

[2] Suzuki-Miyaura 反应的机理是什么？

【参考文献】

段新红. 新型绿色有机合成反应设计：Pd/β-环糊精催化的纯水相铃木-宫浦偶联反应[J]. 化学教育，2020，41：55-58.

实验 28　钯/铜催化自偶联反应合成 1,4-二苯基丁二炔

【反应式】

$$\text{C}_6\text{H}_5\text{C}\equiv\text{CH} \xrightarrow[\text{CH}_3\text{CN, rt, air}]{\text{Pd(OAc)}_2,\ \text{CuI, DABCO}} \text{C}_6\text{H}_5\text{C}\equiv\text{C}-\text{C}\equiv\text{C}\text{C}_6\text{H}_5$$

【仪器与试剂】

仪器：圆底烧瓶、抽滤瓶、布氏漏斗、紫外灯、旋转蒸发仪。

试剂：苯乙炔 1.1 mL（10 mmol）、醋酸钯 45 mg（0.2 mmol）、碘化亚铜 38 mg（0.2 mmol）、三乙烯二胺 3.36 g（DABCO，30 mmol）、乙腈、无水硫酸钠。

【实验步骤】

在装有搅拌子的圆底烧瓶中，分别加入苯乙炔 1.1 mL（10 mmol）、醋酸钯 45 mg、碘化亚铜 38 mg 以及三乙烯二胺 3.36 g（DABCO），最后加入 50 mL 乙腈。添加完成后，将圆底烧瓶置于磁力搅拌器上，室温（25 ℃）搅拌 2 h（反应过程中可通过 TLC 检测反应进行程度）。反应完成后过滤反应液，滤饼分别用 5 mL 乙酸乙酯洗涤 2 次，减压蒸馏除去溶剂。蒸馏完成后向固体残渣中加入 15 mL 乙酸乙酯和 15 mL 石油醚，有机相用 30 mL 水洗涤两次，并用无水硫酸钠干燥有机相。再次蒸馏除去溶剂，最后剩余的白色固体即为粗制 1,4-二苯基丁二炔。粗产物可用石油醚重结晶得到纯品。纯 1,4-二苯基丁二炔为白色固体，熔点 86～87 ℃。

【思考题】

（1）如何通过 TLC 检测反应进行程度？

（2）本实验的反应机理是什么？

【参考文献】

LI J H, LIANG Y, XIE Y X. Efficient palladium-catalyzed homocoupling reaction and sonogashira cross-coupling reaction of terminal alkynes under aerobic conditions[J]. J. Org. Chem., 2005, 70: 4393-4396.

实验 29　铜催化氧化脱氢偶联合成喹啉并内酯

【反应式】

【仪器与试剂】

仪器：圆底烧瓶、紫外灯、旋转蒸发仪、层析柱。

试剂：对甲苯基甘氨酸乙酯 0.58 g（3.0 mmol）、2,3-二氢呋喃 0.45 mL（6.0 mmol）、氯化铜 20 mg（0.15 mmol）、H_2SO_4（10 mol/L）、乙腈、硅胶。

【实验步骤】

在带有磁力搅拌子的 100 mL 圆底烧瓶中依次加入 60 mL 乙腈、对甲苯基甘氨酸乙酯 0.58 g（3.0 mmol）、2,3-二氢呋喃 0.45 mL（6.0 mmol）和氯化铜 20 mg。将得到的反应混合物在室温下对空气敞开搅拌 30 min。然后加入 0.06 mL 10 mol/L 的 H_2SO_4（大约一滴）。将该溶液在空气气氛中室温下搅拌，通过 TLC 监测，反应在 15 h 内完成。反应完成后，将反应混合物减压浓缩，并将残余物通过柱色谱法纯化，得到 7-甲基-3,4-二氢-1H-吡喃并[3,4-b]喹啉-1-酮。纯 7-甲基-3,4-二氢-1H-吡喃并[3,4-b]喹啉-1-酮为白色固体，熔点 191～193 ℃。

【思考题】

（1）本实验如果加入过多的 H_2SO_4 会出现什么副反应？

（2）该反应可否用呋喃替换 2,3-二氢呋喃，为什么？

【参考文献】

HUO C D, YUAN Y, CHEN F J, et al. A catalytic approach to quinoline fused lactones and lactams from glycine derivatives[J]. Adv. Synth. Catal., 2015, 357: 3648-3654.

4.4　金属催化炔烃水合反应

炔烃的水合反应可以将三键转化为羰基，并遵循马氏规则。除乙炔外，所有的取代乙炔和水加成的主要产物都是酮。一元取代乙炔与水的加成产物为甲基酮

（RCOCH$_3$），二元取代乙炔（RC≡CR'）的水合产物通常是两种酮的混合物。该反应首先生成中间体烯醇，然后互变异构化为羰基。经典的炔烃水合库切罗夫（Kucherov）反应常使用二价汞 Hg^{2+} 作为催化剂，然而汞盐的应用对环境和人的健康具有很大的危害。随着有机合成的发展，目前对炔的水合反应已经集中在应用低毒性和高反应活性的过渡金属催化的反应条件，例如用一价金、三价金、二价铂和二价钯等。在这些催化剂中，金的复合物应用最为广泛。

实验 30　金催化合成苯乙酮

【反应式】

$$\xrightarrow[\text{回流}]{\substack{\text{HAuCl}_4,\ \text{H}_2\text{SO}_4 \\ \text{CH}_3\text{OH}/\text{H}_2\text{O}}}$$

【仪器与试剂】

仪器：圆底烧瓶、回流冷凝管、布氏漏斗、抽滤瓶、分液漏斗、层析柱。

试剂：苯乙炔 0.22 mL（2.0 mmol）、四氯金酸（HAuCl$_4$）、浓硫酸、甲醇、乙醚。

【实验步骤】

在一个放有磁力搅拌子的 25 mL 圆底烧瓶中，加入 0.22 mL 苯乙炔（2.0 mmol）和 3 mL 甲醇，然后向其中加入 0.4 mL HAuCl$_4$（0.10 mol/L 水溶液）[1]和 1～2 滴浓 H$_2$SO$_4$（约 0.1 mL）。在圆底烧瓶上安装回流冷凝管，开通冷凝水，搅拌并加热回流[2]。30 min 后，有单质金的沉淀出现，溶液颜色改变，反应完成。将反应混合物冷至室温，用滴管将反应上层清液缓慢转移至盛有 5 mL NaHCO$_3$ 的烧杯中淬灭反应，然后将混合物转移至分液漏斗中，用乙醚萃取（10 mL×2），合并有机层，并用 5 mL 饱和食盐水洗涤，无水 NaSO$_4$ 干燥。用小块脱脂棉将小玻璃滴管的滴口塞住，然后装入硅胶（长度约 2 cm）。用此硅胶柱小心将乙醚溶液过滤至 50 mL 的锥形瓶中，并用 10 mL 乙醚淋洗硅胶柱。将产物的乙醚溶液用旋转蒸发仪浓缩，称量，计算产率。纯苯乙酮为浅黄色油状液体，沸点 202 °C。

【注释】

[1] 0.10 mol/L 的四氯金酸水溶液的配制：将 1.97 g HAuCl$_4$·3H$_2$O（5.00 mmol）溶解于 50 mL 去离子水中即可。

[2] 加热过程温度控制在接近回流或微弱回流，如果加热太剧烈，金过早沉淀出来，反应不完全，产率降低。

【思考题】

（1）$HAuCl_4$ 在本实验中起到了什么作用？

（2）解释双键或三键水合反应中区域选择性的原理。

【参考文献】

俞斌勋，苟婧. 大学基础有机化学实验设计：金催化炔烃的水合反应[J]. 教育现代化，2019，6：152-153.

4.5　金属配合物的合成及应用

　　配体与金属原子或离子通过配位键形成的配合物叫金属配合物。金属配合物有诸多特殊的性质，如光、电、磁、催化、生物化学特性等，在科学实验和生产实践中应用广泛。通过配位化学和金属有机化学衍生得到的金属配合物在有机合成、有机催化等领域的作用也日益凸显。在众多的金属配合物中，二茂铁是一个典型的金属有机化合物。1951 年，杜肯大学的 Pauson 和 Kealy 偶然发现的二茂铁为有机金属化学掀开了新的帷幕。二茂铁是橙色晶型固体，有类似樟脑的气味，熔点 172.5～173 °C。二茂铁可用作火箭燃料添加剂、汽油的抗爆剂、橡胶和硅树脂的熟化剂，也可做紫外线吸收剂。

　　二茂铁具有类似夹心面包式的夹层结构（结构如右所示）。它由两个环戊二烯负离子与亚铁离子结合而成的，即铁原子夹在两个环中间，依靠环中 π 电子成键，10 个碳原子等同地与中间的亚铁离子键合，后者的外电子层含有 18 个电子，达到惰性气体氩的电子结构，分子有一个对称中心，两个环是交错的，因此二茂铁具有反常的稳定性，加热到 470 °C 以上才开始分解。二茂铁的发现与合成对传统的价键理论提出了挑战，标志着有机金属化合物一个新领域的开始，许多过渡金属都能形成同类型的化合物。英国化学家 G. Wilkinson 和德国化学家 E. O. Fischer 由于确定了二茂铁的结构获得了 1973 年的诺贝尔化学奖。二茂铁具有类似于苯的一些芳香性，比苯更容易发生亲电取代反应，如 Friedel-Crafts 反应。但对氧化的敏感性限制了它在合成中的应用，二茂铁的反应通常需要在隔绝空气的条件下进行。

　　在现代有机合成中，通过金属配合物实现不对称催化已成为构建立体单一手性分子的重要方法。在不对称催化领域，手性中心的构建主要是手性环境的建立。过渡金属配合物的手性中心可以来源于中心金属和配体，但由于过渡金属配合物可发生解离、交换等反应，合成中心金属具有手性的配合物相对困难，使用起来也不方便，所以大多数成功的手性过渡金属配合物的手性来源于配体。通过手性配体与金属的配位实现含有手性配体的金属配合物的合成，其在不对称催化反应中发挥着重要的作用，如催化不对称烯丙基化、不对称氢（胺）化、不对称环加成反应等。

实验 31 乙酰二茂铁的制备

【反应式】

【仪器与试剂】

仪器：圆底烧瓶、干燥管、烧杯、滴管。

试剂：二茂铁 1 g（5.4 mmol）、乙酸酐 10 mL（10.8 mmol）、磷酸、碳酸氢钠、石油醚（60~90 ℃）。

【实验步骤】

1. 乙酰二茂铁的制备[1]

在干燥的 25 mL 圆底烧瓶中[2]，加入二茂铁 1 g（5.4 mmol）和 10 mL 乙酸酐，在摇荡下用滴管缓慢加入 2 mL 85%的磷酸。加完后用装有氯化钙的干燥管塞住瓶口，在沸水浴上加热 15 min，并不断摇荡。然后将反应物倾入盛有 40 g 碎冰的 400 mL 烧杯中，并用 10 mL 冷水洗涤烧瓶，将洗涤液并入烧杯。在搅拌下，分批次加入碳酸氢钠至溶液 pH=7~8。将中和后的反应液放置于冷水浴中冷却至室温，抽滤，收集析出的橙黄色固体，并用 5 mL 冰水洗涤 2 次，抽干后在空气中干燥，用石油醚（60~90 ℃）重结晶，称量，计算产率，测定熔点。纯乙酰二茂铁为橙黄色固体，熔点 84~85 ℃。

【注释】

[1] 酰化时由于催化剂和反应条件不同，可得到一乙酰二茂铁或 1, 1′-二乙酰基二茂铁。在反应过程中可通过 TLC 检测反应进行程度。方法：用滴管在液面上吸取 1 滴反应液于小试管中，滴入几滴无水乙醚，所得溶液在硅胶板上点样，用体积比 1：3 的无水乙醚-环己烷做展开剂，层析板上从上至下出现黄色、橙色和橙红色三个点，分别代表二茂铁、乙酰二茂铁和 1, 1′-二乙酰基二茂铁。根据此现象判断反应是否进行完全。

[2] 圆底烧瓶在使用前要充分干燥，防止乙酸酐水解。

【思考题】

（1）二茂铁酰化形成二乙酰基二茂铁时，第二个酰基为什么不能进入第一个酰基所在的环上？

（2）为什么合成二乙酰基二茂铁时需要装置干燥管？

实验 32　手性锰配合物催化烯烃的不对称环氧化反应

【反应式】

【仪器与试剂】

仪器：圆底烧瓶、分液漏斗、层析柱、旋转蒸发仪、高效液相色谱、手性 OD-H 柱。

试剂：环己二胺 1.14 g（10 mmol）、吡啶甲醛 1.9 mL（20 mmol）、4-叔丁基溴苯 5.2 mL（30 mmol）、镁屑 0.72 g（30 mmol）、氢化钠 1.12 g（60%分散在矿物油中，4.4 mmol），碘甲烷 0.75 mL（12 mmol）、查尔酮 104 mg（0.5 mmol）、三氟甲烷磺酸锰 0.35 g（1 mmol）、双氧水 0.34 mL（30%水溶液，3 mmol）、乙酸 0.14 mL（2.5 mmol）、石油醚、乙酸乙酯、四氢呋喃、乙腈、乙醚、二氯甲烷、饱和碳酸氢钠溶液、饱和氯化铵溶液。

【实验步骤】

 第一步：手性锰配合物的合成

1. 化合物 1 的合成

在氩气保护下将环己二胺 1.14 g（10 mmol）溶于 20 mL 二氯甲烷中，再将 1.9 mL 吡啶甲醛（20 mmol）溶于 5 mL 二氯甲烷中，并逐滴加入环己二胺的二氯甲烷溶液中，在室温下反应 1 h，蒸馏除去溶剂后得淡黄色固体产物 1。

2. 化合物 2 的合成

将 5.2 mL 4-叔丁基溴苯（30 mmol）溶于 60 mL 乙醚中，并逐滴加入镁屑 0.72 g（30 mmol）中制备 4-叔丁基溴苯格氏试剂。然后将化合物 1 1.75 g（6 mmol）溶于 20 mL 乙醚中，并逐滴加入制备好的格氏试剂中，溶液颜色变红。滴加完毕后在室温下搅拌 24 h，用饱和氯化铵溶液淬灭反应，有机相用无水硫酸钠干燥，蒸除溶剂后用石油醚-乙酸乙酯（体积比 3∶1）的洗脱液进行柱层析，得到无色产物 2。

3. 化合物 3 的合成

在 0 ℃ 将化合物 2 1.12 g（2 mmol）溶于 20 mL 无水四氢呋喃中，随后加入氢化钠 1.12 g（NaH，60%分散在矿物油中，4.4 mmol），0 ℃ 搅拌 1 h 后加入 0.75 mL 碘甲烷（12 mmol）并继续反应 4 h，反应结束后用饱和氯化铵溶液淬灭，反应混合物用二氯甲烷萃取，有机相用无水硫酸钠干燥，蒸除溶剂后用石油醚-乙酸乙酯洗脱液（体积比 3∶1）进行柱层析，得到白色固体产物 3。

4. 化合物 4 的合成

在氩气保护下，将三氟甲烷磺酸锰 0.35 g [Mn(Otf)₂，1 mmol]溶于 2 mL 乙腈，然后加入化合物 3 0.65 g（1.1 mmol），反应混合液在室温下反应 2 h 后抽干溶剂，剩余固体用无水乙醚多次洗涤得到配合物 4。

 第二步：查尔酮的不对称环氧化反应

在氩气保护下向反应管中加入 5 mg 配合物 4、2 mL 乙腈、乙酸 0.14 mL（2.5 mmol）和查尔酮 104 mg（0.5 mmol）。另外，将双氧水 0.34 mL（30 %水溶液，3 mmol）溶于 0.5 mL 乙腈中，并在 0 ℃ 下于 2 min 内滴加到查尔酮的乙腈溶液中，随后反应 1 h。反应完成后用饱和碳酸氢钠中和反应，乙酸乙酯萃取，有机相用无水硫酸钠干燥，蒸除溶剂后用石油醚-乙酸乙酯（体积比 40∶1）洗脱液进行柱层析，得到白色环氧产物。产物用 HPLC 测定 ee 值。HPLC 分离条件：手性 OD-H 柱，柱温 20 ℃，最大吸收波长 254 nm，洗脱剂环己烷-异丙醇（体积比 98∶2），流速为 1.0 mL/min。

【思考题】

（1）不对称反应的注意事项是什么，如何控制反应的立体选择专一性？

（2）化合物 3 的合成过程中，加入氢化钠的目的是什么？

【参考文献】

吴梅，努尔古丽·拉提莆，宋琪. 手性锰配合物仿生催化烯烃的不对称环氧化反应研究[J]. 化工高等教育，2020，3：123-126.

多步合成实验

实验 33　盐酸黄连素的中间体合成

　　盐酸黄连素又叫盐酸小檗碱，它是存在于植物中的异喹啉类生物碱。其普遍来源于毛茛科、小檗科、防己科、鼠李科、罂粟科、芸香科等多种植物，并主要存在于黄连、南天竹、黄柏、伏牛花、铁皮莲、白屈菜、小檗等中。

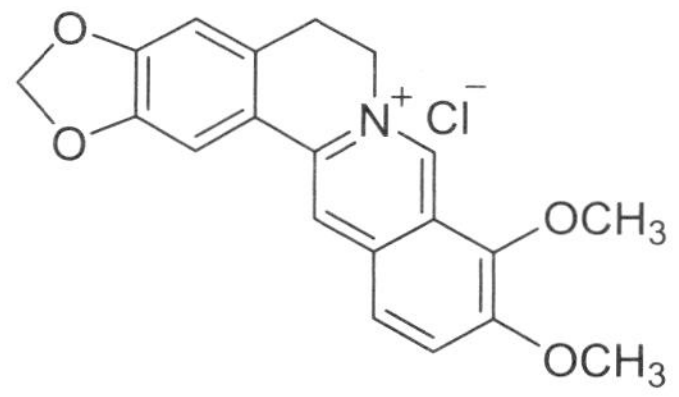

盐酸黄连素

　　盐酸黄连素在临床上的应用价值较普遍，如抗癌、抗菌、抗脑缺血损伤、抗炎、抗艾滋等，同时在治疗糖尿病、心血管疾病、阿尔茨海默病，降血脂，保护神经系统和防治骨质疏松等都发挥着不同程度的治疗作用。此外，盐酸黄连素还具有毒性低、副作用较小、抗菌谱较广和临床需求量大等特点。如此广泛的生理活性和应用空间，使其具有很高的开发利用价值。

【反应式】

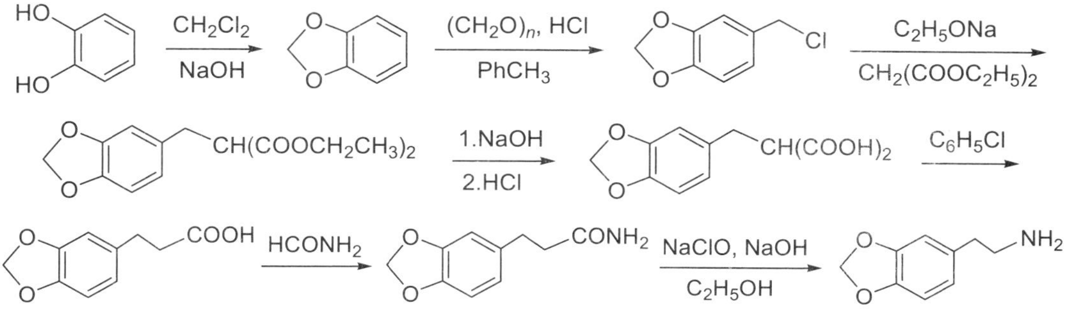

第一步：1, 3-苯并二氧杂环戊烯的合成

【仪器与试剂】

仪器：三颈瓶、玻璃温度计、冷凝管、水蒸气蒸馏装置 1 套、量筒、锥形瓶。

试剂：儿茶酚 10.0 g（90 mmol）、氢氧化钠 8.50 g（213 mmol）、二甲基亚砜 35 mL、二氯甲烷 23 mL。

【实验步骤】

将儿茶酚 10.0 g（90 mmol）溶于 15 mL 二甲基亚砜中，得到儿茶酚二甲基亚砜溶液。称取氢氧化钠 8.50 g（213 mmol）、35 mL 二甲基亚砜、23 mL 二氯甲烷，油浴加热至回流时，滴加儿茶酚的二甲基亚砜溶液，大约滴加 2 h，滴毕，继续在 80 ℃ 条件下搅拌 4 h。稍冷后，进行水蒸气蒸馏，收集 40～98 ℃ 的馏分。馏出物静置分出有机层，得无色油状液体，即为儿茶酚次甲醚，称量，计算产率。

【思考题】

该反应中可能有什么副产物，如何减少副产物的产生？

 第二步：5-氯甲基-1, 3-苯并二氧杂环戊烯的合成

【仪器与试剂】

仪器：三颈瓶、玻璃温度计、减压蒸馏装置 1 套、量筒、分液漏斗。

试剂：1, 3-苯并二氧杂环戊烯 10.0 g（82 mmol）、多聚甲醛 19.7 g（656 mmol）、甲苯。

【实验步骤】

称取化合物 1, 3-苯并二氧杂环戊烯 10.0 g（82 mmol）、多聚甲醛 19.7 g（656 mmol）、80 mL 甲苯置于反应瓶中，于 0～5 ℃ 条件下滴加 100 mL 浓盐酸，大约滴加 1 h，滴毕，继续反应 4 h。充分静置分液，水层用甲苯萃取（20 mL×3）。将有机层合并，再依次用水、饱和 $NaHCO_3$ 溶液、水洗有机层，等体积洗涤 3 次，分出有机层，再用无水硫酸钠干燥，过滤，回收甲苯，残余物进行减压蒸馏，收集 138～147 ℃（0.098 MPa）的馏分，得无色油状液体，称量，计算产率。

【思考题】

浓盐酸在反应中起什么作用，可否用其他的试剂替代？

第三步：2-{[(3, 4-亚甲二氧基)苯基]亚甲基}丙二酸二乙酯的合成

【仪器与试剂】

仪器：三颈瓶、玻璃温度计、冷凝管、量筒。

试剂：5-氯甲基-1, 3-苯并二氧杂环戊烯 4.00 g（23.5 mmol）、金属钠 594 mg（25.8 mmol）、丙二酸二乙酯 4.30 mL（28.3 mmol）、无水乙醇、硫酸钠。

【实验步骤】

将无水乙醇 16 mL、金属钠 594 mg（25.8 mmol）依次加入 100 mL 三颈瓶中，搅拌反应至金属钠完全消失。于 60 ℃ 搅拌条件下滴加丙二酸二乙酯 4.30 mL（28.3 mmol），大约滴加 30 min。搅拌 10 min，然后滴加 5-氯甲基-1, 3-苯并二氧杂环戊烯 4.00 g（23.5 mmol）的乙醇溶液约 1 h，进行回流反应 4 h。稍冷蒸出乙醇后，加入等体积的水，然后用乙酸乙酯萃取，合并有机层，用无水硫酸钠干燥，旋干后得无色油状液体，即为产物 2-{[(3, 4-亚甲二氧基)苯基]亚甲基}丙二酸二乙酯，称量，计算产率。

【思考题】

反应中可能有什么副产物？

 第四步：2-{[(3, 4-亚甲二氧基)苯基]亚甲基}丙二酸的合成

【仪器与试剂】

仪器：圆底烧瓶、球形冷凝管。

试剂：2-{[(3, 4-亚甲二氧基)苯基]亚甲基}丙二酸二乙酯 10.5 g（54.1 mmol）、15%氢氧化钠（64 mL）、盐酸、乙醚、硫酸钠。

【实验步骤】

在圆底烧瓶上装上回流冷凝管，称取化合物 2-{[(3, 4-亚甲二氧基)苯基]亚甲基}丙二酸二乙酯 10.5 g（54.1 mmol）、64 mL 15%的氢氧化钠溶液置于烧瓶中，回流 4 h，冷却，用 5%的盐酸酸化至 pH = 2.0～3.0，再用乙醚萃取（20 mL×3），合并滤液，用无水硫酸钠干燥，过滤，回收乙醚，得淡黄色固体，称量，计算产率。产物熔点 151～154 ℃。

第五步：3-(3，4-亚甲二氧基苯基)丙酸的合成

【仪器与试剂】

仪器：圆底烧瓶、球形冷凝管、抽滤装置 1 套、烧杯。

试剂：2-{[(3，4-亚甲二氧基)苯基]亚甲基}丙二酸 6.38 g（26.8 mmol）、氯苯 40 mL、氢氧化钠、盐酸。

【实验步骤】

称取 2-{[(3，4-亚甲二氧基)苯基]亚甲基}丙二酸 6.38 g（26.8 mmol）、40 mL 氯苯置于反应瓶中，搅拌回流 4 h。反应毕，待反应液自然冷却至室温，然后用 5% 的氢氧化钠溶液碱化至 pH=10.0 左右，静置后分出水相和有机相，有机相再用水洗 2 次（2×20 mL），合并水相，用 5% 盐酸调节 pH=4.0，析出固体，过滤即得淡黄色固体，称量，计算产率。产物熔点 81～84 ℃。

【思考题】

是否可以用甲苯或者硝基苯做溶剂？

 第六步：3-(3，4-亚甲二氧基苯基)丙酰胺的合成

【仪器与试剂】

仪器：圆底烧瓶、球形冷凝管、抽滤装置 1 套。

试剂：3-(3，4-亚甲二氧基苯基)丙酸 1.00 g（5.15 mmol）、甲酰胺 3 mL（75.5 mmol）、无水硫酸钠。

【实验步骤】

称取 3-(3，4-亚甲二氧基苯基)丙酸 1.00 g（5.15 mmol）、甲酰胺 3 mL（75.5 mmol）置于反应瓶中，在 180 ℃ 条件下搅拌 8 h，待反应液冷却后，一次加入 70 mL 水，反应混合液用乙酸乙酯萃取（50 mL×3），合并有机相，用饱和食盐水洗涤 1 次，有机相用无水 Na_2SO_4 干燥，过滤，回收溶剂，得 786 mg 淡黄色固体，称量，计算产率。产物熔点 121～124 ℃。

【思考题】

（1）甲酰胺在反应中起什么作用？
（2）反应温度提高到 200 ℃，对反应有何影响？

第七步：3，4-亚甲二氧基苯乙胺的合成

【仪器与试剂】

仪器：圆底烧瓶、球形冷凝管、分液漏斗、抽滤装置 1 套。

试剂：3-(3，4-亚甲二氧基苯基)丙酰胺 300 mg（1.55 mmol）、5.5%次氯酸钠溶液 3 mL、氢氧化钠、乙醇、无水硫酸钠。

【实验步骤】

量取 3 mL 5.5%次氯酸钠溶液、3 mL 10%氢氧化钠溶液置于反应瓶中，保持反应瓶内温度 0~5 ℃，称取 3-(3，4-亚甲二氧基苯基)丙酰胺 300 mg（1.55 mmol），溶解在 6 mL 乙醇溶液中，然后将 3-(3，4-亚甲二氧基苯基)丙酰胺的乙醇溶液加入反应瓶中，薄层板跟踪反应原料至完全。待反应原料完全反应后，加入 6 mL 50%的氢氧化钠溶液，回流搅拌 4 h。反应完毕，回收乙醇，残留物用 100 mL 水溶解后，用乙醚萃取（20 mL×3），合并有机层，用水洗（20 mL×2）、饱和食盐水洗（20 mL×2），有机相用无水 Na_2SO_4 干燥，过滤，回收溶剂，得淡黄色油状液体，称量，计算产率。

【思考题】

（1）写出该步反应的机理。
（2）氢氧化钠溶液的浓度对反应有何影响？

【参考文献】

陈程，罗卓玛，杨鸿均，等. 盐酸黄连素的合成研究[J]. 有机化学，2016，36，1426-1430.

实验 34　阿司匹林的合成

早在 1853 年，弗雷德里克·热拉尔（Gerhardt）就用水杨酸与乙酸酐合成了乙酰水杨酸，但没能引起人们的重视。1897 年德国化学家费利克斯·霍夫曼又进行了合成，并为他父亲治疗风湿关节炎，疗效极好。在 1897 年，德国拜耳第一次合成了构成阿司匹林的主要物质。

阿司匹林于 1898 年上市，被发现它还具有抗血小板凝聚的作用，于是重新引起了人们极大的兴趣。将阿司匹林及其他水杨酸衍生物与聚乙烯醇、醋酸纤维素等含羟基聚合物进行熔融酯化，使其高分子化，所得产物的抗炎性和解热止痛性比游离的阿司匹林更为长效。至 1899 年，拜耳以阿司匹林（Aspirin）为商标，将此药品销售至全球。

$$\underset{\text{OCOCH}_3}{\overset{\text{COOH}}{\bigcirc}}$$

阿司匹林为白色针状或板状结晶，熔点 135～140 ℃，易溶于乙醇，可溶于氯仿、乙醚，微溶于水。

【反应式】

$$\underset{\text{COOH}}{\overset{\text{OH}}{\bigcirc}} + (CH_3CO)_2O \xrightarrow{H_2SO_4} \underset{\text{COOH}}{\overset{\text{OCOCH}_3}{\bigcirc}} + CH_3COOH$$

【仪器与试剂】

仪器：三颈瓶、球形冷凝管、圆底烧瓶、抽滤装置 1 套、玻璃温度计、锥形瓶、量筒。

试剂：水杨酸 10 g（14.0 mmol）、醋酸酐 14 mL、浓硫酸、乙醇。

【实验步骤】

在装有磁力搅拌子及球形冷凝器的 100 mL 三颈瓶中，依次加入水杨酸 10 g（14.0 mmol）、醋酸酐 14 mL、浓硫酸 5 滴。搅拌反应，油浴加热至 70 ℃ 时，维持在此温度反应 30 min。停止搅拌，稍冷，将反应液倾入 150 mL 冷水中，继续搅拌，至阿司匹林全部析出。抽滤，用少量稀乙醇洗涤，压干，得粗品。

将所得粗品置于附有球形冷凝器的 100 mL 圆底烧瓶中，加入 30 mL 乙醇，于水浴上加热至阿司匹林全部溶解，稍冷，加入活性炭回流 10 min 脱色，趁热抽滤。将滤液慢慢倾入 75 mL 热水中，自然冷却至室温，析出白色结晶。待结晶析出完全后，抽滤，用少量稀乙醇洗涤，压干，置红外灯下干燥（干燥时温度不超过 60 ℃ 为宜），称量，计算收率。

【思考题】

（1）向反应液中加入少量浓硫酸的目的是什么？是否可以不加？为什么？

（2）本反应可能发生哪些副反应？产生哪些副产物？

（3）精制阿司匹林时选择溶剂依据什么原理？为何滤液要自然冷却？

实验 35 扑炎痛的合成

扑炎痛为一种新型解热镇痛抗炎药，是由阿司匹林和扑热息痛经拼合原理制成，它既保留了原药的解热镇痛功能，又减小了原药的毒副作用，并有协同作用，适用于急、慢性风湿性关节炎，风湿痛，感冒发烧，头痛及神经痛等。扑炎痛化学名为 2-乙酰氧基苯甲酸-乙酰胺基苯酯。

扑炎痛为白色结晶性粉末，无嗅无味。熔点 174～178 ℃，不溶于水，微溶于乙醇，溶于氯仿、丙酮。

【反应式】

第一步：乙酰水杨酰氯的制备

【仪器与试剂】

仪器：圆底烧瓶、干燥管、抽滤装置 1 套、玻璃温度计、锥形瓶、量筒、滴液漏斗。

试剂：阿司匹林 10 g（56mmol）、氯化亚砜 5.5 mL、氯化钙、丙酮。

【实验步骤】

在干燥的 100 mL 圆底烧瓶中，依次加入吡啶 2 滴、阿司匹林 10 g（56 mmol）、氯化亚砜 5.5 mL，迅速装上球形冷凝器（顶端附有氯化钙干燥管，干燥管连有导气管，导气管另一端通到水池下水口）。置油浴上慢慢加热至 70 ℃，维持油浴温度在 70 ℃

反应 70 min，冷却，加入无水丙酮 10 mL，将反应液倾入干燥的 100 mL 滴液漏斗中，混匀，密闭备用。

第二步：扑炎痛的制备

【仪器与试剂】

仪器：三颈瓶、干燥管、抽滤装置 1 套、玻璃温度计、锥形瓶、量筒、烧瓶。

试剂：乙酰水杨酰氯、乙酰水杨酰氯丙酮溶液、扑热息痛 10 g（66 mmol）、氯化钙、丙酮。

【实验步骤】

在装有搅拌棒及温度计的 250 mL 三颈瓶中，加入扑热息痛 10 g（66 mmol）、水 50 mL。冰水浴冷至 10 ℃ 左右，在搅拌下滴加氢氧化钠溶液（氢氧化钠 3.6 g 加 20 mL 水配成，用滴管滴加）。滴加完毕，在 8～12 ℃、强烈搅拌下，慢慢滴加上次实验制得的乙酰水杨酰氯丙酮溶液（20 min 左右滴完）。滴加完毕，调至 pH≥10，控制温度在 8～12 ℃ 继续搅拌反应 60 min，抽滤，水洗至中性，得粗品。

取粗品 5 g 置于装有球形冷凝器的 100 mL 圆底瓶中，加入 10 倍量（W/V）95% 乙醇，在水浴上加热溶解。稍冷，加活性炭脱色（活性炭用量视粗品颜色而定），加热回流 30 min，趁热抽滤（布氏漏斗、抽滤瓶应预热）。将滤液趁热转移至烧杯中，自然冷却，待结晶完全析出后，抽滤，用少量乙醇洗涤 2 次（母液回收），压干，干燥，称量，计算产率。

【注释】

[1] 二氯亚砜是由羧酸制备酰氯最常用的氯化试剂，不仅价格便宜而且沸点低，生成的副产物均为挥发性气体，故所得酰氯产品易于纯化。二氯亚砜遇水可分解为二氧化硫和氯化氢，因此所用仪器均需干燥，加热时不能用水浴。反应用阿司匹林需在 60 ℃ 干燥 4 h。吡啶作为催化剂，用量不宜过多，否则影响产品的质量。制得的酰氯不应久置。

[2] 扑炎痛的制备采用 Schotten-Baumann 方法酯化，即乙酰水杨酰氯与对乙酰氨基酚钠缩合酯化。由于扑热息痛的酚羟基与苯环共轭，加之苯环上又有吸电子的乙酰胺基，因此酚羟基上电子云密度较低，亲核反应性较弱；成盐后酚羟基氧原子电子云密度增高，有利于亲核反应；此外，酚钠成酯，还可避免生成氯化氢，使生成的酯键水解。

【思考题】

（1）乙酰水杨酰氯的制备，操作上应注意哪些事项？

（2）扑炎痛的制备，为什么采用先制备对乙酰氨基酚钠，再与乙酰水杨酰氯进行酯化，而不直接酯化？

（3）通过本实验说明酯化反应在结构修饰上的意义。

实验 36　阿克他利的合成

阿克他利（4-乙酰氨基苯乙酸）是一种免疫调节剂，由日本三菱化学公司开发，于1994 年在日本上市。阿克他利主要是通过纠正免疫紊乱及免疫调节作用来缓解和改善病情，是一种慢作用抗类风湿性关节炎药物，尤其对早期类风湿性关节炎疗效较好。临床上阿克他利用于治疗慢性风湿性关节炎，与其他治疗风湿性关节炎的药物不同，阿克他利是对迟发型过敏反应有抑制作用的抗风湿药物，其抗慢性风湿性关节炎作用优于或等于临床上广泛使用的同类药物氯苯扎利。

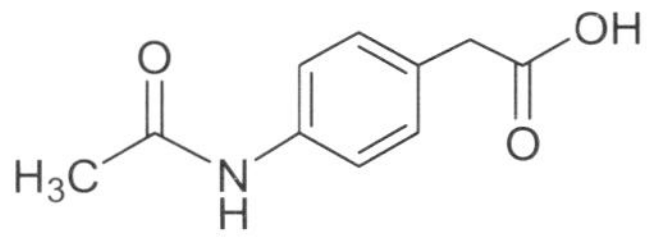

【反应式】

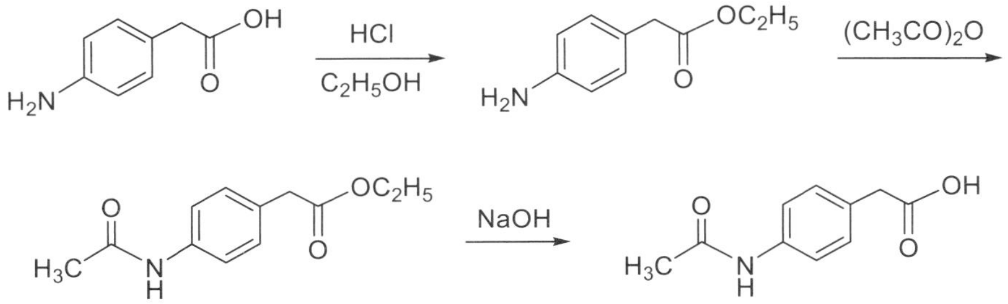

✏️ 第一步：对氨基苯乙酸乙酯的合成

【仪器与试剂】

仪器：圆底烧瓶、分液漏斗、量筒。

试剂：4-氨基苯乙酸 3.0 g（20 mmol）、15%盐酸-乙醇、乙酸乙酯。

【实验步骤】

将 4-氨基苯乙酸 3.0 g（20 mmol）在 15% 盐酸-乙醇中回流，蒸去乙醇后用乙酸乙酯提取，有机相经水洗、饱和碳酸氢钠溶液洗涤、水洗，干燥后回收乙酸乙酯得对氨基苯乙酸乙酯。称量，计算收率。

 ## 第二步：4-乙酰胺基苯乙酸乙酯的合成

【仪器与试剂】

仪器：圆底烧瓶、球形冷凝管、分液漏斗、锥形瓶、量筒。
试剂：对氨基苯乙酸乙酯 1.80 g（10 mmol）、乙酸酐 1.03 mL（10.5 mmol）。

【实验步骤】

将 4-氨基苯乙酸乙酯 1.80 g（10 mmol）、8 mL 乙酸乙酯依次加入 50 mL 圆底烧瓶中，室温下搅拌至溶解完全。然后加入乙酸酐 1.03 mL（10.5 mmol）和 100 mL 乙酸乙酯的混合液，搅拌 3 h。再依次用饱和碳酸氢钠水溶液、饱和食盐水洗涤，乙酸乙酯层用无水硫酸镁干燥后蒸馏回收乙酸乙酯。残留物用乙酸乙酯与正己烷混合溶剂重结晶，得到纯的 4-乙酰胺基苯乙酸乙酯，称量，计算产率。产物熔点 77～78 ℃。

 ## 第三步：乙酰胺基苯乙酸的合成

【仪器与试剂】

仪器：圆底烧瓶、抽滤装置 1 套、量筒。
试剂：4-乙酰胺基苯乙酸乙酯 1.11 g（5 mmol）、2 mol/L NaOH、蒸馏水、20%盐酸。

【实验步骤】

将 4-乙酰胺基苯乙酸乙酯 1.11 g（5 mmol）、5 mL 水依次加入 50 mL 圆底烧瓶中，室温下搅拌，然后加入 2 mol/L NaOH 溶液 300 mL，继续搅拌 3 h。反应完毕，在冰冷却下，加 20%盐酸 100 mL 使结晶析出，冰浴下搅拌 30 min。过滤得目标产物，用冷水洗涤后，干燥得 4-乙酰胺基苯乙酸，称量，计算产率。产物熔点 173～175 ℃。

实验 37　巴比妥的合成

巴比妥为长时间作用的催眠药，是第一个巴比妥类药物，主要用于神经过度兴奋、狂躁或忧虑引起的失眠。巴比妥化学名为 5,5-二乙基巴比妥酸，结构式为：

巴比妥为白色结晶或结晶性粉末，无臭，味微苦。熔点 189～192 °C。难溶于水，易溶于沸水及乙醇、乙醚、氯仿及丙酮。

【反应式】

第一步：二乙基丙二酸二乙酯的制备

【仪器与试剂】

仪器：三颈瓶、球形冷凝管、恒压滴液漏斗、玻璃温度计、锥形瓶、量筒。

试剂：丙二酸二乙酯 18 mL、无水乙醇 75 mL、溴乙烷 20 mL、氯化钙、金属钠 6 g（0.26 mol）。

【实验步骤】

在装有搅拌器、滴液漏斗及球形冷凝管（顶端附有氯化钙干燥管）的 250 mL 三颈瓶中，加入无水乙醇 75 mL，分次加入金属钠 6 g（0.26 mol）。待反应缓慢时，开始搅拌，用油浴加热（油浴温度不超过 90 °C），金属钠消失后，由滴液漏斗加入丙二酸二乙酯 18 mL，10～15 min 内加完，然后回流 15 min，当油浴温度降到 50 °C 以下时，慢慢滴加溴乙烷 20 mL，约 15 min 加完，然后继续回流 2.5 h。将回流装置改为蒸馏装置，蒸去乙醇（但不要蒸干），放冷，残渣用 40～45 mL 水溶解，转到分液漏斗中，分取酯层，水层以乙醚提取 3 次（每次用乙醚 20 mL），合并酯与醚提取液，再用 20 mL 水洗涤一次，醚液倾入 125 mL 锥形瓶内，加无水硫酸钠 5 g 干燥，过滤得乙醚溶液。

将上一步制得的二乙基丙二酸二乙酯乙醚液，于水浴蒸馏回收乙醚。瓶内剩余液，用装有空气冷凝管的蒸馏装置于沙浴上蒸馏，收集 218～222 °C 馏分，密封贮存，称量，计算产率。

第二步：巴比妥的制备

【仪器与试剂】

仪器：三颈瓶、球形冷凝管、蒸馏装置 1 套、量筒。

试剂：二乙基丙二酸二乙酯 10 g（46 mmol）、金属钠 2.6 g（110 mmol）、尿素 4.4 g（73 mmol）、无水乙醇 50 mL。

【实验步骤】

在装有搅拌器、球形冷凝管（顶端附有氯化钙干燥管）及温度计的 250 mL 三颈瓶中加入绝对无水乙醇 50 mL，分次加入金属钠 2.6 g（110 mmol），待反应缓慢时，开始搅拌。金属钠消失后，加入二乙基丙二酸二乙酯 10 g（46 mmol）、尿素 4.4 g（73 mmol），加完后，随即使内温升至 80～82 ℃。停止搅拌，保温反应 80 min。反应完毕，将回流装置改为蒸馏装置。常压蒸馏回收乙醇，残渣用 80 mL 水溶解，倾入盛有 18 mL 18% 稀盐酸的 250 mL 烧杯中，调 pH 3～4，析出结晶，抽滤，得粗品，称量，计算产率。

【思考题】

（1）制备无水试剂时应注意什么问题？为什么在加热回流和蒸馏时，冷凝管的顶端和接收器支管上要装氯化钙干燥管？

（2）工业上怎样制备无水乙醇（99.5%）？

实验 38　二苯乙醇酸的制备

苯甲醛在 NaCN 作用下，于乙醇中加热回流，两分子苯甲醛之间发生缩合反应，生成二苯乙醇酮（Benzoin 安息香）。

在二苯乙醇酮的合成中，用维生素 B_1（Thiamine）盐酸盐代替氰化物辅酶催化安息香缩合反应。优点：无毒，反应条件温和，产率较高。

在二苯乙二酮的制备中，改用醋酸铜作为氧化剂。这样反应中产生的亚铜盐不断被硝酸铵重新氧化成铜盐，硝酸铵本身被还原成亚硝酸铵，后者在反应条件下分解为氮气和水。改进后的方法，在不延长反应时间的情况下，可明显节约试剂，且不影响产率及产物纯度。

【反应式】

第一步：安息香的合成

【仪器与试剂】

仪器：圆底烧瓶、抽滤装置 1 套、玻璃温度计、锥形瓶、量筒。

试剂：VB_1（盐酸硫胺素盐噻胺）1.0 g（3 mmol）、8 mL 95%乙醇、新蒸苯甲醛、4 mL 10% NaOH 溶液。

【实验步骤】

在 50 mL 圆底烧瓶中加入 VB_1（盐酸硫胺素盐噻胺）1.0 g（3 mmol）、2 mL 蒸馏水、8 mL 95%乙醇，用塞子塞住瓶口，放在冰盐浴中冷却。用一支试管取 4 mL 10% NaOH 溶液，也放在冰盐浴中冷却 10 min。将冷透的 NaOH 溶液滴加入冰浴中的圆底烧瓶中，并不断检测圆底烧瓶中溶液的 pH，直至 pH=9～10，立即取 5 mL 新蒸苯甲醛加入圆底烧瓶中，再调节 pH＝9～10，充分摇匀。温水浴中加热反应，水浴温度控制在 60～75 ℃。撤去水浴，待反应物冷至室温，再放入冰浴中冷却、结晶、抽滤、干燥得二苯乙醇酮，称量，计算产率。

【思考题】

（1）本实验为什么要使用新蒸馏的苯甲醛？

（2）为什么加入苯甲醛后，反应混合物的 pH 要保持在 9～10？溶液的 pH 过高和过低对反应有什么影响？

第二步：二苯乙二酮的合成

【仪器与试剂】

仪器：圆底烧瓶、抽滤装置 1 套、玻璃温度计、锥形瓶、量筒。

试剂：安息香 2.12 g（10 mmol）、6.5 mL 冰醋酸、1 g 粉状的硝酸铵、1.3 mL 2% 硫酸铜溶液、75% 乙醇。

【实验步骤】

在 50 mL 圆底烧瓶中加入安息香 2.12 g（10 mmol）、6.5 mL 冰醋酸、1 g 粉状的硝酸铵和 1.3 mL 2% 硫酸铜溶液，加入几粒沸石，装上回流冷凝管，在石棉网上缓慢加热并时加摇荡。当反应物溶解后开始放出氮气，继续回流 1.5 h 使反应完全。将反应混合物冷至 50 ~ 60 ℃，在搅拌下倾入 10 mL 冰水中，析出二苯乙二酮晶体。抽滤，用冷水充分洗涤，压干，粗产物干燥，称量，计算产率。若要得到纯品可用 75% 乙醇-水溶液重结晶，纯产物的熔点为 94 ~ 96 ℃。

【思考题】

（1）此步反应的机理是什么？
（2）反应过程中，为什么要时加摇荡？

 第三步：二苯乙醇酸的合成

【仪器与试剂】

仪器：圆底烧瓶、抽滤装置 1 套、玻璃温度计、锥形瓶、量筒。
试剂：2.5 g 氢氧化钾、二苯乙二酮 2.50 g（12 mmol）、7.5 mL 95% 乙醇。

【实验步骤】

在 50 mL 圆底烧瓶中加入 2.5 g 氢氧化钾和 5 mL 水，加入二苯乙二酮 2.50 g（12 mmol）溶于 7.5 mL 95% 乙醇的溶液，混合均匀后，装上回流冷凝管，在水浴上回流 15 min。然后将反应混合物转移到小烧杯中，在冰水浴中放置约 1 h，直至析出二苯乙醇酸钾盐的晶体。抽滤，并用少量冷乙醇洗涤晶体。将过滤出的钾盐溶于 70 mL 水中，用滴管加入 2 滴浓盐酸，少量未反应的二苯乙二酮成胶体悬浮物，加入少量活性炭并搅拌几分钟，然后用折叠滤纸过滤。滤液用 5% 的盐酸酸化至刚果红试纸变蓝（约需 25 mL），即有二苯乙醇酸晶体析出，在冰水浴中冷却使结晶完全。抽滤，用冷水洗涤几次，以除去晶体中的无机盐。粗产物干燥，称量，计算产率。产物熔点 147 ~ 149 ℃。

【思考题】

该步反应的机理是什么？

实验 39　苯佐卡因的合成

苯佐卡因（Benzocaine），化学名对氨基苯甲酸乙酯，是一种合成的局部麻醉药，其作用比天然古柯植物中提取的可卡因更强，且无副作用和危险性，主要用于手术后的创伤止痛、溃疡痛、一般性痒等。

以苯佐卡因为基础，人们合成了许多优良的对氨基苯甲酸酯类局部麻醉药，如现在还应用于临床的普鲁卡因等。

芳烃的侧链氧化是制备芳酸最重要的方法。芳环上存在卤素、硝基及磺酸基等并不影响侧链的氧化，但当芳环上存在羟基和氨基时，大多数氧化剂将使分子中的苯环遭受破坏而得到复杂的氧化产物；而有烷氧基和乙酰氨基存在时，烷基的氧化却不受影响，并可得到高产率的羧酸。

对硝基苯甲酸是有机合成的重要工业原料，经还原得到的对氨基苯甲酸是染料的中间体，对氨基苯甲酸酯化后所得苯佐卡因，除了作为局部麻醉剂外，还可用作合成其他试剂。

【反应式】

第一步：对硝基苯甲酸的合成

【仪器与试剂】

仪器：三口瓶、搅拌器、冷凝管、恒压滴液漏斗、烧杯、抽滤装置。

试剂：对硝基甲苯 6.0 g（40 mmol）、重铬酸钠 18.0 g（60 mmol）、浓硫酸、冰醋酸。

【实验步骤】

在 250 mL 三口瓶中，加入对硝基甲苯 6.0 g（40 mmol）、重铬酸钠 18.0 g（60 mmol）、

30 mL H_2O 及 30 mL 冰醋酸[1]，安装搅拌器、冷凝管及恒压滴液漏斗。在搅拌下自滴液漏斗慢慢滴入 28 mL 浓硫酸，加完后，在继续搅拌下加热回流 0.5 h，冷却后，倒入盛有 100 mL H_2O 的 250 mL 烧杯中，抽滤，晶体用水洗 2 ~ 3 次[2]，得小片状淡黄色晶体。干燥，称量，计算产率。产物熔点 239 ~ 241 ℃。

【思考题】

是否还有其他的氧化剂可以替代重铬酸钠？

 第二步：对氨基苯甲酸的制备

【仪器与试剂】

仪器：三口瓶、搅拌器、烧杯、抽滤装置、回流冷凝管、圆底烧瓶。

试剂：对硝基苯甲酸 8.00 g（0.048 mol）、锡 18.0 g（0.15 mol）、浓 HCl、浓氨水、冰醋酸。

【实验步骤】

将对硝基苯甲酸 8.00 g（0.048 mol）、锡 18.0 g（0.15 mol）和 38 mL 浓盐酸依次加入装有回流冷凝管、废气吸收和搅拌装置的 250 mL 三口瓶中，搅拌下加热至微沸，移去热源，待大部分锡已作用，反应液至透明（约 1 h）。稍冷，把液体移至 400 mL 烧杯中。用 10 mL 水洗涤残留在瓶中的锡，洗液并入烧杯中，加浓氨水至恰好呈碱性。在水浴上煮沸，沉淀趁热抽滤。滤渣用 80 mL 热水分两次充分洗涤，抽滤，合并两次滤液。若滤液超过 150 mL，浓缩至 120 mL 左右，趁热抽滤，冷却滤液，加入冰醋酸使呈酸性（pH=4 左右）。有晶体析出，用冷水冷却，抽滤，用水洗涤一次滤出产品，在 100 ℃ 左右烘干，得浅黄色晶体，称量，计算产率。产物熔点 182 ~ 183 ℃。

【思考题】

是否可用其他的还原剂还原硝基？

 第三步：苯佐卡因的制备

【仪器与试剂】

仪器：圆底烧瓶、烧杯、分液漏斗。

试剂：对氨基苯甲酸 4.0 g（0.029mol）、95%乙醇、1 mL 浓硫酸、10%碳酸钠溶液、乙醚、无水硫酸镁。

【实验步骤】

将对氨基苯甲酸 4.0 g（0.029 mol）和 15 mL 95% 乙醇依次加入 100 mL 圆底烧瓶中。将烧瓶置于冰浴中冷却，加入 1 mL 浓硫酸，立即产生大量沉淀，将反应混合物在搅拌下于水浴上加热回流 2 h。冷却后分批加入 10%碳酸钠溶液中和反应液至无明显气体放出。再加入少量碳酸钠溶液至 pH 为 9 左右。在中和过程中有少量固体生成。将溶液倾入分液漏斗中，并用少量乙醚洗涤固体，洗液并入分液漏斗。用 40 mL 乙醚分两次萃取。醚层经无水硫酸镁干燥后，在水浴上蒸去乙醚，至残余油状物约 2 mL 为止。残余液用乙醇-水重结晶得纯品，称量，计算产率。纯产物熔点为 90 ℃。

【思考题】

苯佐卡因的合成路线中，可否先还原再氧化？

实验 40　盐酸苯海索的合成

盐酸苯海索又名安坦（Antane Hydrochloride），化学名为 1-环己基-1-苯基-3-哌啶基丙醇盐酸盐，能阻断中枢神经系统和周围神经系统的毒蕈碱样胆碱受体，临床上用于治疗震颤麻痹综合征，也用于斜颈、颜面痉挛等症的治疗。

盐酸苯海索大多以苯乙酮为原料，与甲醛、哌啶盐酸盐进行 Mannich 反应制得 β-哌啶基苯丙酮盐酸盐中间体，再与氯代环己烷、金属镁作用制得的 Grignard 试剂反应，得到盐酸苯海索。

【反应式】

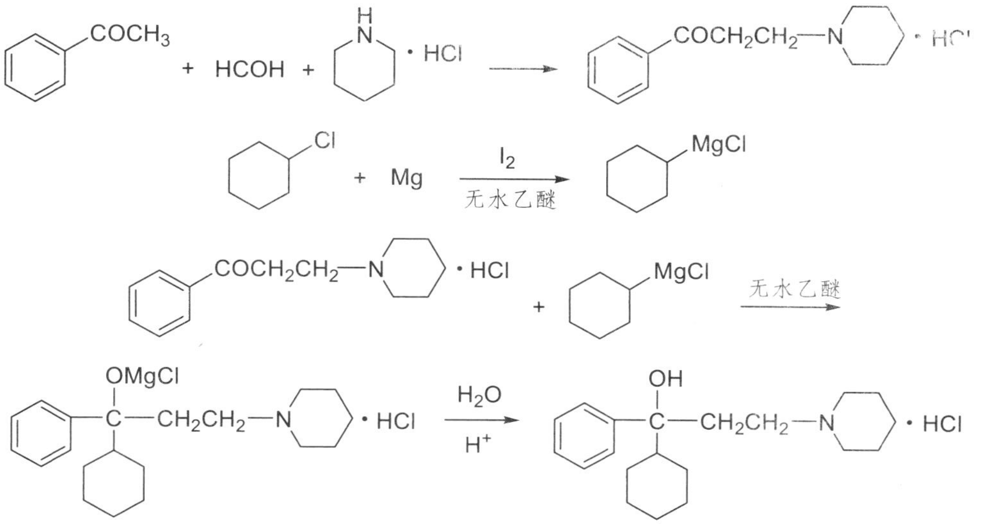

第一步：哌啶盐酸盐的制备

【仪器与试剂】

仪器：三颈瓶、恒压滴液漏斗、回流冷凝管、抽滤装置 1 套、锥形瓶、量筒。

试剂：哌啶 30 g（0.41 mol）、60 mL 95%乙醇、35 mL 浓盐酸。

【实验步骤】

在装有搅拌器、恒压滴液漏斗、回流冷凝管及干燥管的 250 mL 三颈瓶中，加入哌啶 30 g（0.41mol）、60 mL 95%乙醇。在搅拌下滴加 35 mL 浓盐酸，搅拌至反应液 pH 约为 1，1 h 左右。然后拆除搅拌器、恒压滴液漏斗、回流冷凝管及干燥管，改装成蒸馏装置，加热蒸去乙醇和水，当反应物呈稀糊状时，停止蒸馏。拆除反应装置，冷却到室温，抽滤，固体用乙醇洗涤，干燥，得白色结晶。熔点大于 240 ℃。

【思考题】

（1）以蒸馏至稀糊状为宜，太稀和太稠有何不妥？

 第二步：β-哌啶基苯丙酮盐酸盐的制备

【仪器与试剂】

仪器：三颈瓶、恒压滴液漏斗、温度计、回流冷凝管、抽滤装置 1 套、锥形瓶、量筒。

试剂：苯乙酮 18.1 g（0.15 mol）、95%乙醇 36 mL、哌啶盐酸盐 19.2 g（0.15 mol）、多聚甲醛 7.6 g（0.25 mol）、浓盐酸 0.5 mL。

【实验步骤】

在装有搅拌器、温度计和回流冷凝管的 250 mL 三颈瓶中，依次加入苯乙酮 18.1 g（0.15 mol）、36 mL 95%乙醇、哌啶盐酸盐 19.2 g（0.15 mol）、多聚甲醛 7.6 g（0.25 mol）和 0.5 mL 浓盐酸（10 滴），搅拌下加热至 80～85 ℃，继续回流 3～4 h。拆除反应装置，然后用冷水冷却，析出固体，抽滤，用少量乙醇洗涤，干燥后得白色鳞片状结晶，称量，计算产率。产物熔点 190～194 ℃。

 第三步：盐酸苯海索的制备

【仪器与试剂】

仪器：三颈瓶、恒压滴液漏斗、回流冷凝管、抽滤装置 1 套、量筒。

试剂：镁条 4.1 g（0.17 mol）、无水乙醚 30 mL、氯代环己烷 22.5 g（0.19 mol）、β-哌啶基苯丙酮盐酸盐 20 g（0.08 mol）。

【实验步骤】

在分别装有搅拌器、恒压滴液漏斗、回流冷凝管及干燥管的 250 mL 三颈瓶中，依次投入 4.1 g（0.17mol）镁条[1]、30 mL 无水乙醚、少量碘（一小粒），滴加约 1 mL 氯代环己烷。启动搅拌器，用热水浴缓慢升温至微沸，当碘的颜色褪去并呈乳灰色浑浊时，继续滴加剩余的氯代环己烷，滴加速度以控制反应液保持正常回流为宜（如果反应剧烈，用冷水冷却）。加完后继续回流，直到镁条完全消失为止。在冷水冷却和搅拌下，于 10 min 左右慢慢加入 β-哌啶基苯丙酮盐酸盐 20 g（0.08 mol），加完后，再搅拌加热回流 2 h。反应液冷却到 15 °C 以下，在玻璃棒搅拌下缓慢且小心地将反应物倒入装有稀盐酸（预先配制好，22 mL 浓盐酸和 66 mL 水混合）的烧杯中，搅拌 5 min 后，冷却，抽滤，用水洗涤至 pH 约为 5，抽滤，得盐酸苯海索粗品。

上述粗品用 1 ~ 1.5 倍量 95% 乙醇重结晶，得盐酸苯海索纯品，称量，计算产率。纯品熔点 250 °C（分解）。

【注释】

[1] 镁条表面若有灰黑色氧化镁覆盖，则应先用砂纸擦至表面呈白色金属光泽为止。镁条应剪成小条使用。

【思考题】

（1）写出 Grignard 反应和 Mannich 反应的反应机理。

（2）Grignard 试剂制备过程中，加入少量碘的目的是什么？

实验 41　氯霉素的合成

氯霉素是广谱抗生素，主要用于伤寒杆菌、痢疾杆菌、脑膜炎球菌、肺炎球菌感染的治疗，亦可用于立克次体感染的治疗。尽管其具有诸多副作用，如抑制骨髓造血机能，引起粗细胞及血小板减少症或再生障碍性贫血，但仍是治疗伤寒的首选药物。

氯霉素的化学名为 1R, 2R-（﹣）-1-对硝基苯基-2-二氯乙酰胺基-1, 3-丙二醇。氯霉素分子中有 2 个手性碳原子，所以存在 4 个旋光异构体，化学结构式为：

上面4个异构体中仅 1R, 2R-（-）（或 D-苏阿糖型）有抗菌活性，为临床使用的氯霉素。

氯霉素为白色或微黄色的针状、长片状结晶或结晶性粉末，味苦。熔点 149～153 ℃。易溶于甲醇、乙醇、丙酮或丙二醇中，微溶于水。

【反应式】

$O_2N-C_6H_4-COCH_3$ $\xrightarrow{Br_2, C_6H_5Cl}$ $O_2N-C_6H_4-COCH_2Br$ $\xrightarrow{(CH_2)_6N_4, C_6H_5Cl}$

$O_2N-C_6H_4-COCH_2Br(CH_2)_6N_4$ $\xrightarrow[HCl, H_2O]{C_2H_5OH}$ $O_2N-C_6H_4-COCH_2NH_2 \cdot HCl$ $\xrightarrow[CH_3COONa]{(CH_3CO)_2O}$

$O_2N-C_6H_4-COCH_2NHCOCH_3$ $\xrightarrow[C_2H_5OH]{HCHO}$ $O_2N-C_6H_4-CO-\overset{NHCOCH_3}{\underset{H}{C}}-CH_2OH$ $\xrightarrow{Al[OCH(CH_3)_2]_3}$

$O_2N-C_6H_4-\overset{H}{\underset{OH}{C}}-\overset{NHCOCH_3}{\underset{H}{C}}-CH_2OH$ $\xrightarrow{HCl, H_2O}$ $O_2N-C_6H_4-\overset{H}{\underset{OH}{C}}-\overset{NH_2 \cdot HCl}{\underset{H}{C}}-CH_2OH$ $\xrightarrow{15\% NaOH}$

$O_2N-C_6H_4-\overset{H}{\underset{OH}{C}}-\overset{NH_2}{\underset{H}{C}}-CH_2OH$ $\xrightarrow{拆分}$ $O_2N-C_6H_4-\overset{H}{\underset{OH}{C}}-\overset{NH_2}{\underset{H}{C}}-CH_2OH$ $\xrightarrow{CHCl_2COOCH_3, CH_3OH}$

D-氨基物

$O_2N-C_6H_4-\overset{H}{\underset{OHH}{C}}-\overset{NHCOCHCl_2}{\underset{}{C}}-CH_2OH$

- 084 -

第一步：对硝基 α-溴代苯乙酮的制备

【仪器与试剂】

仪器：四颈瓶、搅拌器、温度计、冷凝管、滴液漏斗、玻璃温度计、锥形瓶、量筒。

试剂：对硝基苯乙酮 10 g（61 mmol）、氯苯 75 mL、溴 9.7 g（61 mmol）。

【实验步骤】

在装有搅拌器、温度计、冷凝管、恒压滴液漏斗的 250 mL 四颈瓶中，依次加入对硝基苯乙酮 10 g（61 mmol）、氯苯 75 mL，室温搅拌使溶解。然后滴加溴 2~3 滴，反应液即呈棕红色[1]，当反应液褪成橙色，继续滴加溴 9.7 g（61 mmol），1~1.5 h 加完[2]，滴毕，室温继续搅拌 1.5 h。反应完毕，水泵减压抽去溴化氢[3, 4]，得对硝基 α-溴代苯乙酮氯苯溶液，可直接进行下一步。

【注释】

[1] 若滴加溴后较长时间不反应，可适当提高温度，但不能超过 50 ℃，当反应开始后要立即降低到规定温度。

[2] 滴加溴的速度不宜太快，滴加速度太快及反应温度过高，不仅使溴积聚易逸出，而且还导致二溴化合物的生成。

[3] 水泵减压抽去溴化氢时，反应器和水泵之间装气体吸收装置。

[4] 溴化氢应尽可能除去，避免下一步消耗六亚甲基四胺。

【思考题】

（1）溴化反应开始时有一段诱导期，用溴化反应机理说明原因。操作上如何缩短诱导期？

（2）本溴化反应不能遇铁，铁的存在对反应有何影响？

第二步：对硝基 α-溴代苯乙酮六亚甲基四胺盐的制备

【仪器与试剂】

仪器：三颈瓶、玻璃温度计、锥形瓶、量筒。

试剂：α-溴代苯乙酮、氯苯 20 mL、六亚甲基四胺（乌洛托品）粉末 8.5 g（61 mmol）。

【实验步骤】

将对硝基 α-溴代苯乙酮的氯苯溶液和氯苯 20 mL 依次加入装有搅拌器、温度计的

250 mL 三颈瓶中[1]。反应液冷却至 15 °C 以下，在搅拌下加入六亚甲基四胺粉末 8.5 g （61 mmol），温度控制在 28 °C 以下，加毕，升温至 35 °C，继续反应 1 h，反应毕[2]，得对硝基 α-溴代苯乙酮六亚甲基四胺盐（简称成盐物）[3]，可直接进行下一步[4]。

【注释】

[1] 此反应需无水条件，所用仪器及原料需经干燥，若有水分带入，易导致产物分解，生成胶状物。

[2] 反应终点测定：取反应液少许，过滤，取滤液 1 mL，加入等量 4% 六亚甲基四胺氯仿溶液，温热片刻，如不呈浑浊，表示反应已经完全。

[3] 复盐成品熔点 118 ~ 120 °C（分解）。

[4] 对硝基 α-溴代苯乙酮六亚甲基四胺盐在空气中及干燥时极易分解，因此制成的复盐应立即进行下一步反应，不宜超过 12 h。

【思考题】

（1）对硝基-α-溴代苯乙酮与六亚甲基四胺生成的复盐性质如何？

（2）成盐反应终点如何控制？根据是什么？

 第三步：对硝基-α-氨基苯乙酮盐酸盐的制备

【仪器与试剂】

仪器：抽滤装置 1 套、玻璃温度计、锥形瓶、量筒。

试剂：浓盐酸 17 mL、乙醇 38 mL、蒸馏水。

【实验步骤】

将精制食盐 3.0 g、浓盐酸 17 mL 依次加入上一步制备的成盐物氯苯溶液中，冰水浴冷至 6 ~ 12 °C，搅拌 5 min，使成盐物呈颗粒状，待氯苯溶液澄清分层，分出氯苯。立即加入乙醇 38 mL，于 35 °C 搅拌反应 5 h。反应毕冷至 5 °C，结晶，过滤，固体溶于 20 mL 水中，于 35 °C 搅拌 30 min，再冷至 0 °C，过滤，用冷乙醇洗涤，干燥，得对硝基-α-氨基苯乙酮盐酸盐（简称水解物）[1]，称量，计算三步总产率。产物熔点 250 °C（分解）。

【注释】

[1] 对硝基-α-溴代苯乙酮与六亚甲基四胺（乌洛托品）反应生成季铵盐，然后在酸性条件下水解生成对硝基-α-氨基苯乙酮盐酸盐。该反应称 Delepine 反应。

【思考题】

（1）本实验 Delepine 反应中，为什么一定要先加盐酸后加乙醇？

（2）对硝基-α-氨基苯乙酮盐酸盐是强酸弱碱生成的盐，如果 pH 较高，有何影响？

（3）反应温度过高也易发生副反应，生成什么副产物？

 ## 第四步：对硝基-α-乙酰胺基苯乙酮的制备

【仪器与试剂】

仪器：四颈瓶、磁力搅拌器、回流冷凝管、抽滤装置 1 套、玻璃温度计、锥形瓶、量筒。

试剂：40%醋酸钠溶液 29 mL、乙酸酐 9 mL、饱和碳酸氢钠溶液。

【实验步骤】

将上一步制得的水解物及水 20 mL 加入装有磁力搅拌器、回流冷凝管、温度计和滴液漏斗的 250 mL 四颈瓶中，搅拌均匀后冷至 0～5 ℃。在搅拌下加入乙酸酐 9 mL。然后滴加 29 mL 40%醋酸钠溶液（约 30 min）[1]，控制温度不超过 15 ℃，滴毕，搅拌 1 h，再补加乙酸酐 1 mL，反应毕[2]，过滤，滤饼用冰水洗涤，过滤，用饱和碳酸氢钠溶液中和至 pH 7.2～7.5，抽滤，再用冰水洗至中性，过滤，得淡黄色结晶（简称乙酰化物）[3]，称量，计算产率。产物熔点 161～163 ℃。

【注释】

[1] 该反应需在酸性条件下（pH 3.5～4.5）进行，因此必须先加乙酸酐，后加醋酸钠溶液，次序不能颠倒。

[2] 反应终点测定：取反应液少许，加入 NaHCO₃ 中和至碱性，于 40～45 ℃ 温热 30 min，不呈红色。若反应未达终点，可补加适量的乙酸酐和醋酸钠继续酰化。

[3] 乙酰化物遇光易变红色，应避光保存。

【思考题】

（1）乙酰化反应为什么要先加乙酸酐后加醋酸钠溶液，次序不能颠倒？

（2）乙酰化反应终点怎样控制，根据是什么？

 ## 第五步：对硝基-α-乙酰胺基-β-羟基苯丙酮的制备

【仪器与试剂】

仪器：三颈瓶、搅拌器、回流冷凝管、抽滤装置 1 套、玻璃温度计、量筒。

试剂：乙酰化物、乙醇 15 mL、甲醛 4.3 mL、NaHCO₃饱和溶液。

【实验步骤】

将乙酰化物及乙醇 15 mL、甲醛 4.3 mL 依次加入装有搅拌器、回流冷凝管、温度计的 250 mL 三颈瓶中，然后用 NaHCO₃ 饱和溶液调 pH 7.5[1]。搅拌下升温至 35 ℃，搅拌至反应完全[2]。迅速冷却至 0 ℃，过滤，用 25 mL 冰水分次洗涤，抽滤，干燥，得对硝基-α-乙酰胺基-β-羟基苯丙酮（简称缩合物），称量，计算产率。产物熔点 166～167 ℃。

【注释】

[1] 本反应碱性催化的 pH 不宜太高，pH 7.5 较适宜。

[2] 反应终点测定：用玻璃棒蘸取少许反应液于载玻片上，加水 1 滴稀释后置显微镜下观察，如仅有羟甲基化合物的方晶而找不到乙酰化物的针晶，即为反应终点（约需 3 h）。

【思考题】

（1）影响羟甲基化反应的因素有哪些？如何控制？

（2）羟甲基化反应为何选用 NaHCO₃ 作为碱催化剂？能否用 NaOH，为什么？

（3）羟甲基化反应终点如何控制？

 第六步：DL-苏阿糖型-1-对硝基苯基-2-氨基-1，3-丙二醇的制备

【仪器与试剂】

仪器：抽滤装置 1 套、玻璃温度计、锥形瓶、量筒。

试剂：缩合物 10.0 g（39.5 mmol）、异丙醇铝 1.35 g（6.6 mmol）、浓盐酸 70 mL、15% NaOH、活性炭。

【实验步骤】

将异丙醇铝 1.35 g（6.6 mmol）、缩合物 10 g（39.5mmol）依次加入三颈瓶中。然后 30 min 内升温到 60 ℃，继续反应 4 h。冷却到 10 ℃ 以下，滴加浓盐酸 70 mL[1]。滴毕，加热到 70～75 ℃，继续搅拌 1.5 h，然后加入活性炭，继续搅拌 0.5 h，趁热过滤，滤液冷至 5 ℃ 以下，放置 1 h。过滤析出的固体，用 20%盐酸（预冷至 5 ℃ 以下）8 mL 洗涤[2]。然后将固体溶于 12 mL 水中，加热到 45 ℃，滴加 15% NaOH 溶液到 pH=6.5～7.6[3]。过滤，滤液再用 15% NaOH 调节 pH=8.4～9.3，冷却至 5 ℃ 以下，放置 1 h。抽滤，用少量冰水洗涤，干燥，得 DL-苏阿糖型-1-对硝基苯基-2-氨基-1，3-丙二醇（DL-氨基物），称量，计算产率。产物熔点 143～145 ℃。

【注释】

[1] 滴加浓盐酸时控制速度，使温度不超过 50 ℃。滴加浓盐酸促使乙酰化物水解，脱乙酰基，生成 DL-氨基物盐酸盐，反应液中盐酸浓度在 20% 以上，此时 $Al(OH)_3$ 形成了可溶性的 $AlCl_3$-HCl 复合物，而 DL-氨基物盐酸盐在 50 ℃ 以下溶解度小，过滤除去铝盐。

[2] 用 20% 盐酸洗涤的目的是除去附着在沉淀上的铝盐。

[3] 用 15% NaOH 溶液调节反应液到 pH=6.5 ~ 7.6，可以使残留的铝盐转变成 $Al(OH)_3$ 絮状沉淀，过滤除去。

【思考题】

（1）制备异丙醇铝的关键有哪些？

（2）还原产物 1-对硝基苯基-2-乙酰氨基-1, 3-丙二醇水解脱乙酰基，为什么用 HCl 而不用 NaOH 水解？水解后产物为什么用 20 % 盐酸洗涤？

 ## 第七步：D-(−)-1-对硝基苯基-α-氨基-1, 3-丙二醇的制备

【仪器与试剂】

仪器：三颈瓶、抽滤装置 1 套、玻璃温度计、锥形瓶、量筒。

试剂：DL-氨基物 5.3 g（25 mmol）、L-氨基物 2.1 g（10 mmol）、DL-氨基物盐酸盐 16.5 g（67 mmol）、蒸馏水、1 mol/L 稀盐酸 25 mL。

【实验步骤】

1. 拆 分

在装有搅拌器、温度计的 250 mL 三颈瓶中投入 DL-氨基物 5.3 g、L-氨基物 2.1 g（10 mmol）、DL-氨基物盐酸盐 16.5 g（67 mmol）[1]和蒸馏水 78 mL。搅拌，水浴加热，保持温度在 63 ℃ 反应约 20 min，使固体全部溶解[2]。然后缓慢自然冷却至 45 ℃，开始析出结晶[3]。再在 70 min 内缓慢冷却至 29 ~ 30 ℃，迅速抽滤，用 3 mL 蒸馏水（70 ℃）洗涤，抽干，干燥，得微黄色结晶（粗 L-氨基物），熔点 157 ~ 159 ℃。滤液中再加入 DL-氨基物 4.2 g，按上法重复操作，得粗 D-氨基物。

2. 精 制

在 100 mL 烧杯中加入 D-或 L-氨基物 4.5 g，1 mol/L 稀盐酸 25 mL。加热到 30 ~ 35 ℃ 使溶解，加活性炭脱色，趁热过滤。滤液用 15% NaOH 溶液调至 pH 9.3，析出结晶。再在 30 ~ 35 ℃ 保温 10 min，抽滤，用蒸馏水洗至中性，抽干，干燥，得白色结晶，称量，计算产率。产物熔点 160 ~ 162 ℃。

【注释】

[1] DL-氨基物盐酸盐的制备：在 250 mL 烧杯中放置 DL-氨基物 30 g，搅拌下加入 20%盐酸 39 mL（浓盐酸 22 mL、水 17 mL）。加毕，置水浴中加热至完全溶解，放置，自然冷却，当有固体析出时不断缓慢搅拌，以免结块。最后冷至 5 ℃，放置 1 h，过滤，滤饼用 95% 乙醇洗涤，干燥，即得 DL-氨基物盐酸盐。

[2] 固体必须全溶，否则结晶提前析出。

[3] 严格控制降温速度，仔细观察初析点和全析点，正常情况下初析点为 45~47 ℃。

第八步：氯霉素的制备

【仪器与试剂】

仪器：搅拌器、回流冷凝管、抽滤瓶、布氏漏斗、温度计。

试剂：D-氨基物 4.5 g（21 mmol）、甲醇 10 mL、二氯乙酸甲酯 3 mL、蒸馏水 4 mL。

【实验步骤】

在装有搅拌器、回流冷凝器、温度计的 100 mL 三颈瓶中[1]，加入 D-氨基物 4.5 g（21 mmol）、甲醇 10 mL 和二氯乙酸甲酯[2]3 mL。在 60~65 ℃ 搅拌反应 1 h，随后加入活性炭 0.2 g，保温脱色 3 min，趁热过滤，向滤液中滴加蒸馏水（每分钟约 1 mL 的速度滴加）至有少量结晶析出时，停止加水，稍停片刻，继续加入剩余蒸馏水（共 33 mL）。冷至室温，放置 30 min，抽滤，滤饼用 4 mL 蒸馏水洗涤，抽干，即得氯霉素，称量，计算产率。产物熔点 149.5~153 ℃。

【注释】

[1] 反应必须在无水条件下进行，有水存在时，二氯乙酸甲酯水解成二氯乙酸，与氨基物成盐，影响反应的进行。

[2] 二氯乙酸甲酯的质量直接影响产品的质量，如有一氯或三氯乙酸甲酯存在，同样能与氨基物发生酰化反应，形成的副产物带入产品，致使熔点偏低。

【思考题】

（1）二氯乙酰化反应除用二氯乙酸甲酯外，还可用哪些试剂？生产上为何采用二氯乙酸甲酯？

（2）二氯乙酸甲酯的用量对产物有何影响？

【参考文献】

LONG L M, TROUTMAN H D. Chloramphenicol'(chloromycetin). Ⅶ. synthesis through *p*-nitroacetophenone[J]. J. Am. Chem. Soc., 1940, 71: 2473-2475.

参考文献

[1] 朱宝泉，李安良，杨光中，等. 新编药物合成手册[M]. 北京：化学工业出版社，2003.

[2] 兰州大学. 有机化学实验[M]. 4版. 北京：高等教育出版社，2017.

[3] 吴毓林，姚祝军，胡泰山. 现代有机合成化学[M]. 2版. 北京：科学出版社，2019.

[4] （美）格林，（美）伍兹. 有机合成中的保护基[M]. 华东理工大学有机化学教研组，译. 上海：华东理工大学出版社，2004.

[5] 苟绍华. 有机合成化学实验[M]. 北京：化学工业出版社，2020.

[6] 申东升. 当代有机合成化学实验[M]. 北京：科学出版社，2014.

[7] 上海医药工业研究院. 有机药物合成手册[M]. 上海：上海医药工业研究院，1976.

[8] 汪志勇，查正根，郑小琦. 实用有机化学实验高级教程[M]. 北京：高等教育出版社，2016.

附 录

附录 A 常用有机溶剂的纯化

有机化学实验离不开溶剂，溶剂不仅作为反应介质使用，而且在产物的纯化和后处理中也经常使用。市售的有机溶剂有工业纯、化学纯和分析纯等各种规格，纯度越高，价格越贵。在有机合成中，常常根据反应的特点和要求，选用适当规格的溶剂，以便使反应能够顺利地进行而又符合勤俭节约的原则。某些有机反应（如 Grignard 反应等），对溶剂要求较高，即使微量杂质或水分的存在，也会对反应速率、产率和纯度带来一定的影响。由于有机合成中使用溶剂的量都比较大，若仅依靠购买市售纯品，不仅价值较高，有时也不一定能满足反应的要求。因此了解有机溶剂的性质及纯化方法是十分重要的。有机溶剂的纯化，是有机合成工作的一项基本操作。下面介绍市售的普通溶剂在实验室条件下常用的纯化方法。

A1 无水乙醚（Absolute ether ）

bp 34.5 °C，n_D^{20} 1.3526，d_4^{20} 0.713 78

普通乙醚中含有一定量的水、乙醇及少量过氧化物等杂质，这对于要求以无水乙醚做溶剂的反应（如 Grignard 反应），不仅影响反应的进行，且易发生危险。试剂级的无水乙醚，往往也不合要求，且价格较贵，因此在实验中常需自行制备。制备无水乙醚时首先要检验有无过氧化物。为此取少量乙醚与等体积的 2%碘化钾溶液，加入几滴稀盐酸一起振摇，若能使淀粉溶液呈紫色或蓝色，即证明有过氧化物存在。除去过氧化物可在分液漏斗中加入普通乙醚和相当于乙醚体积 1/5 的新配制硫酸亚铁溶液[1]，剧烈振摇后分去水溶液。除去过氧化物后，按照下述操作进行精制。

【步骤】

在 250 mL 圆底烧瓶中，放置 100 mL 除去过氧化物的普通乙醚和几粒沸石，装上冷凝管。冷凝管上端通过一带有侧槽的橡皮塞，插入盛有 10 mL 浓硫酸[2]的滴液漏斗。通入冷凝水，将浓硫酸慢慢滴入乙醚中，由于脱水作用所产生的热量，乙醚会自行沸腾。加完后摇动反应物。待乙醚停止沸腾后，拆下冷凝管，改成蒸馏装置。在收集乙醚的接收瓶支管上连一氯化钙干燥管，并用与干燥管连接的橡皮管把乙醚蒸气导入水槽。加入沸石，用事先准备好的水浴加热蒸馏。蒸馏速度不宜太快，以免乙醚蒸气冷凝不下来而逸散室内[3]。当收集到约 70 mL 乙醚，且蒸馏速度显著变慢时，即可停止蒸馏。瓶内所剩残液，倒入指定的回收瓶中，切不可将水加入残液中（为什么）。将蒸馏收集的乙醚倒入干燥的锥形瓶中，加入 1 g 钠屑或钠丝，然后用带有氯化钙干燥管的软木塞塞住，或在木塞中插入一末端拉成毛细管的玻璃管，这样可以防止潮气侵入并可使产生的气泡逸出。放置 24 h 以上，使乙醚中残留的少量水和乙醇转化为氢氧化钠和乙醇钠。如不再有气泡逸出，同时钠的表面较好，则可储放备用。如放置后，金属钠表面已全部发生作用，需重新加入少量钠丝，放置至无气泡发生。这种无水乙醚符合一般无水要求[4]。

【注释】

[1] 硫酸亚铁溶液的配制：在 110 mL 水中加入 6 mL 浓硫酸，然后加入 60 g 硫酸亚铁。硫酸亚铁溶液久置后容易氧化变质，因此需在使用前临时配制。使用较纯的乙醚制取无水乙醚时，可免去硫酸亚铁溶液洗涤。

[2] 也可在 100 mL 乙醚中加入 4～5 g 无水氯化钙代替浓硫酸做干燥剂；并在下一步操作中用五氧化二磷代替金属钠而制得合格的无水乙醚。

[3] 乙醚沸点低（34.51 ℃），极易挥发（20 ℃ 时，蒸气压为 58.9 kPa），且蒸气密度比空气大（约为空气的 2.5 倍），容易聚集在桌面附近或低凹处。当空气中含有 1.85%～36.5%的乙醚蒸气时，遇火即会发生燃烧爆炸。故在使用和蒸馏过程中，一定要谨慎小心，远离火源。尽量不让乙醚蒸气散发到空气中，以免造成意外。

[4] 如需要更纯的乙醚，则在除去过氧化物后，应再用 0.5%高锰酸钾溶液与乙醚共振摇，使其中含有的醛类氧化成酸，然后依次用 5%氢氧化钠溶液、水洗涤，经干燥、蒸馏，再加入钠丝。

A2　无水乙醇（Absolute ethyl alcohol）

bp 78.5 ℃，n_D^{20} 1.3611，d_4^{20} 0.7893

市售的无水乙醇一般只能达到 99.5%的纯度，在许多反应中需用纯度更高的无水乙醇，经常需自己制备。通常工业用的 95.5%的乙醇不能直接用蒸馏法制取无水乙醇，因 95.5%乙醇和 4.5%的水形成恒沸点混合物。要把水除去，第一步是加入氧化钙（生石灰）煮沸回流，使乙醇中的水与生石灰作用生成氢氧化钙，然后再将无水乙醇蒸出。

这样得到无水乙醇，纯度最高约 99.5%。纯度更高的无水乙醇可用金属镁或金属钠进行处理。

$$2\ C_2H_5OH + Mg \longrightarrow (C_2H_5O)_2Mg + H_2\uparrow$$

$$(C_2H_5O)_2Mg + 2\ H_2O \longrightarrow 2\ C_2H_5OH + Mg(OH)_2$$

$$C_2H_5OH + Na \longrightarrow C_2H_5ONa + 1/2\ H_2\uparrow$$

$$C_2H_5ONa + H_2O \rightleftharpoons C_2H_5OH + NaOH$$

【步骤】

1. 无水乙醇（含量 99.5%）的制备

在 500 mL 圆底烧瓶[1]中，放置 200 mL 95%乙醇和 50 g 生石灰[2]，装上回流冷凝管，其上端接一氯化钙干燥管，在水浴上加热回流 5 h，稍冷后取下冷凝管，改成蒸馏装置。蒸去前馏分后，用干燥的吸滤瓶或蒸馏瓶做接收器，其支管接一氯化钙干燥管，使与大气相通。用水浴加热，蒸馏至几乎无液滴流出为止。称量无水乙醇的质量或量其体积，计算回收率。

2. 无水乙醇（含量 99.95%）的制备

（1）用金属镁制取：在 250 mL 圆底烧瓶中放置 0.6 g 干燥纯净的镁条、10 mL 99.5%乙醇，装上回流冷凝管，并在冷凝管上端加一只无水氯化钙干燥管。在水浴上或用火直接加热使达微沸，移去热源，立刻加入几粒碘片（此时注意不要振荡），顷刻即在碘粒附近发生作用，最后可以达到相当剧烈的程度。有时作用太慢则需加热。如果在加碘之后，作用仍不开始，则可再加入数粒碘（一般来说，乙醇与镁的作用是缓慢的，如所用乙醇含水量超过 0.5%则作用更为困难）。待全部镁作用完毕后，加入 100 mL 99.5%乙醇和几粒沸石。回流 1 h，蒸馏，产物收存于玻璃瓶中，用一橡皮塞或磨口塞塞住。

（2）用金属钠制取：装置和操作同（1），在 250 mL 圆底烧瓶中，放置 2 g 金属钠和 100 mL 纯度至少为 99%的乙醇，加入几粒沸石。加热回流 30 min 后，加入 4 g 邻苯二甲酸二乙酯[3]，再回流 10 min。取下冷凝管，改成蒸馏装置，按收集无水乙醇的要求进行蒸馏。产品储于带有磨口塞或橡皮塞的容器中。

【注释】

[1] 本实验中所用仪器均需彻底干燥。由于无水乙醇具有很强的吸水性，故操作过程中和存放时必须防止水分浸入。

[2] 一般用干燥剂干燥有机溶剂时，在蒸馏前应先过滤除去。但氧化钙与乙醇中的水反应生成的氢氧化钙，因在加热时不分解，故可留在瓶中一起蒸馏。

[3] 加入邻苯二甲酸二乙酯的目的，是利用它和氢氧化钠进行如下反应：

$$\underset{\substack{\text{COOC}_2\text{H}_5 \\ \text{COOC}_2\text{H}_5}}{\bigcirc\!\!\!\!\bigcirc} + \text{NaOH} \longrightarrow \underset{\substack{\text{COONa} \\ \text{COONa}}}{\bigcirc\!\!\!\!\bigcirc} + 2\,\text{C}_2\text{H}_5\text{OH}$$

抵消了乙醇和氢氧化钠生成乙醇钠与水的反应，这样制得的乙醇可达到极高的纯度。

A3　无水甲醇（Absolute methyl alcohol）

bp 64. 96 ℃，n_D^{20} 1.3288，d_4^{20} 0.7914

市售的甲醇一般由合成而来，含水量在 0.5% ~ 1%。由于甲醇和水不能形成共沸点的混合物，可利用高效的精馏柱将少量水除去。精制甲醇含有 0.02% 的丙酮和 0.1% 的水，一般已可应用。如要制得无水甲醇，可用加入镁的方法（见无水乙醇）。若含水量低于 0.1%，亦可用 3 Å（1 Å = 10^{-10} m）或 4 Å 型分子筛干燥。甲醇有毒，处理时应避免吸入其蒸气。

A4　苯（Benzene）

bp 80.1 ℃，n_D^{20} 1.5011，d_4^{20} 0.87865

普通苯含有少量的水（可达 0.02%），由煤焦油加工得来的苯还含有少量噻吩（沸点 84 ℃），不能用分馏或分步结晶等方法分离除去。为制得无水、无噻吩的苯可采用下列方法：在分液漏斗内将普通苯及相当于苯体积 15% 的浓硫酸一起摇荡，摇荡后将混合物静置，弃去底层的酸液，再加入新的浓硫酸，这样重复操作直至酸层呈现无色或淡黄色，且检验无噻吩为止。分去酸层，苯层依次用水、10% 碳酸钠溶液、水洗涤，用氯化钙干燥，蒸馏，收集 80 ℃ 的馏分。若要高度干燥，可加入钠丝（见"无水乙醚"）进一步去水。由石油加工得来的苯一般可省去除噻吩的步骤。

噻吩的检验：取 5 滴苯放入小试管中，加入 5 滴浓硫酸及 1 ~ 2 滴 1% α, β-吲哚醌-浓硫酸溶液，振荡片刻。如呈墨绿色或蓝色，表示有噻吩存在。

A5　丙酮（Acetone）

bp 56.2 ℃，n_D^{20} 1.3588，d_4^{20} 0.7899

普通丙酮中往往含有少量水及甲醇、乙醛等还原性杂质，可用下列方法精制：

（1）在 100 mL 丙酮中加入 0.5 g 高锰酸钾，回流，以除去还原性杂质，若高锰酸钾紫色很快消失，需要加入少量高锰酸钾继续回流，直至紫色不再消失为止。蒸出丙酮，用无水碳酸钾或无水硫酸钙干燥，过滤，蒸馏，收集 55 ~ 56.5 ℃ 的馏分。

（2）于 100 mL 丙酮中加入 4 mL 10% 硝酸银溶液及 35 mL 0.1 mol/L 氢氧化钠溶液，振荡 10 min，除去还原性杂质。过滤，滤液用无水硫酸钙干燥后，蒸馏，收集 55 ~ 56.5 ℃ 的馏分。

A6　乙酸乙酯（Ethyl acetate）

bp 77.06 ℃，n_D^{20} 1.3723，d_4^{20} 0.9003

市售的乙酸乙酯中含有少量水、乙醇和醋酸，可用下述方法精制：

（1）于 100 mL 乙酸乙酯中加入 10 mL 醋酸酐、1 滴浓硫酸，加热回流 4 h，除去乙醇及水等杂质，然后进行分馏。馏液用 2~3 g 无水碳酸钾振荡干燥后蒸馏，最后产物的沸点为 77 ℃，纯度达 99.7%。

（2）将乙酸乙酯先用等体积 5%碳酸钠溶液洗涤，再用饱和氯化钙溶液洗涤，然后用无水碳酸钾干燥后蒸馏。

A7　二硫化碳（Carbon disulfide）

bp 46.25 ℃，n_D^{20} 1.63189，d_4^{20} 1.2661

二硫化碳为有较高毒性的液体（能使血液和神经中毒），它具有高度的挥发性和易燃性，所以使用时必须十分小心，避免接触其蒸气。一般有机合成实验中对二硫化碳要求不高，可在普通二硫化碳中加入少量研碎的无水氯化钙，干燥后滤去干燥剂，然后在水浴中蒸馏收集。若要制得较纯的二硫化碳，则需将试剂级的二硫化碳用 0.5%高锰酸钾水溶液洗涤 3 次，除去硫化氢，再用汞不断振荡除去硫，最后用 2.5%硫酸汞溶液洗涤，除去所有恶臭（剩余的硫化氢），再经氯化钙干燥，蒸馏收集。其纯化过程的反应式如下：

$$3 H_2S + 2 KMnO_4 + 2 MnO_2 \longrightarrow 2 MnO_2\downarrow + S + 2 H_2O + 2 KOH$$

$$Hg + S \longrightarrow HgS\downarrow$$

$$HgSO_4 + H_2S \longrightarrow HgS\downarrow + H_2SO_4$$

A8　氯仿（Chloroform）

bp 61.7 ℃，n_D^{20} 1.4459，d_4^{20} 1.4832

普通用的氯仿含有 1%的乙醇，这是为了防止氯仿分解为有毒的光气，作为稳定剂加进去的。为了除去乙醇，可以将氯仿用一半体积的水振荡数次，然后分出下层氯仿，用无水氯化钙干燥数小时后蒸馏。另一种精制方法是将氯仿与少量浓硫酸一起振荡 2~3 次。每 1000 mL 氯仿，用浓硫酸 50 mL。分去酸层以后的氯仿用水洗涤，干燥，然后蒸馏。除去乙醇的无水氯仿应保存于棕色瓶子里，并且不要见光，以免分解。

A9　石油醚（Petroleum）

石油醚为轻质石油产品，是相对分子质量较小的烃类（主要是戊烷和己烷）的混合物。其沸程为 30 ~ 150 ℃，收集的温度区间一般为 30 ℃ 左右，如有 30 ~ 60 ℃、60 ~ 90 ℃、90 ~ 120 ℃ 等沸程规格的石油醚。石油醚中含有少量不饱和烃，沸点与烷烃相近，用蒸馏法无法分离，必要时可用浓硫酸和高锰酸钾把它除去。通常将石油醚用其体积 1/10 的浓硫酸洗涤 2 ~ 3 次，再用 10% 的硫酸加入高锰酸钾配成的饱和溶液洗涤，直至水层中的紫色不再消失为止。然后再用水洗，经无水氯化钙干燥后蒸馏。如要绝对干燥的石油醚，则加入钠丝（见"无水乙醚"）。

A10 吡啶（Pyridine）

bp 115.5 ℃，n_D^{20} 1.5095，d_4^{20} 0.9819

分析纯的吡啶含有少量水分，但已可供一般应用。如要制得无水吡啶，可与粒状氢氧化钾或氢氧化钠一同回流，然后隔绝潮气蒸出备用。干燥的吡啶吸水性很强，保存时应将容器口用石蜡封好。

A11 N, N-二甲基甲酰胺（N, N-dimethyl formamide）

bp 149 ~ 156 ℃，n_D^{20} 1.4305，d_4^{20} 0.9487

N, N-二甲基甲酰胺含有少量水分。在常压蒸馏时有少量分解，产生二甲胺与一氧化碳。有酸或碱存在时，分解加快，所以加入固体氢氧化钾或氢氧化钠在室温放置数小时后，即有部分分解。因此，最好用硫酸钙、硫酸镁、氧化钡、硅胶或分子筛干燥，然后减压蒸馏，收集 76 ℃/4.79 kPa（36 mmHg）的馏分。如其中含水较多，可加入 1/10 体积的苯，在常压及 80 ℃ 以下蒸去水和苯，然后用硫酸镁或氧化钡干燥，再进行减压蒸馏。N, N-二甲基甲酰胺中如有游离胺存在，可用 2,4-二硝基氟苯产生颜色来检查。

A12 四氢呋喃（Tetrahydrofuran）

bp 67 ℃，n_D^{20} 1.4050，d_4^{20} 0.8892

四氢呋喃是具乙醚气味的无色透明液体，市售的四氢呋喃常含有少量水分及过氧化物。如要制得无水四氢呋喃，可与氢化锂铝在隔绝潮气下回流（通常 1000 mL 需 2 ~ 4 g 氢化锂铝）除去其中的水和过氧化物，然后在常压下蒸馏，收集 66 ℃ 的馏分。精制后的液体应在氮气氛中保存，如需较久放置，应加 0.025% 4-甲基-2, 6-二叔丁基苯酚作为抗氧化剂。处理四氢呋喃时，应先用小量进行试验，以确定只有少量水和过氧化物，作用不致过于猛烈时，方可进行。四氢呋喃中的过氧化物可用酸化的碘化钾溶液来试验。如过氧化物很多，应另行处理为宜。

A13　二甲亚砜（Dimethyl sulfone）

bp 189 °C（mp18.5 °C），n_D^{20} 1.4783，d_4^{20} 1.0954

二甲亚砜为无色、无嗅、微带苦味的吸湿性液体。常压下加热至沸腾可部分分解。市售试剂级二甲亚砜含水量约为 1%，通常先减压蒸馏，然后用 4 Å 型分子筛干燥；或用氢化钙粉末搅拌 4~8 h，再减压蒸馏收集 64~65 °C/533 Pa（4 mmHg）馏分。蒸馏时，温度不宜高于 90 °C，否则会发生歧化反应生成二甲砜和二甲硫醚。二甲亚砜与某些物质混合时可能发生爆炸，如氢化钠、高碘酸或高氯酸镁等，应予注意。

A14　二氧六环（Dioxane）

bp 101.5 °C（mp12 °C），n_D^{20} 1.4224，d_4^{20} 1.0336

二氧六环作用与醚相似，可与水以任意比例混溶。普通二氧六环中含有少量二乙醇缩醛与水，久贮的二氧六环还可能含有过氧化物。二氧六环的纯化，一般加入质量分数为 10% 的盐酸与之回流 3 h，同时慢慢通入氮气，以除去生成的乙醛，冷至室温，加入粒状氢氧化钾直至不再溶解。然后分去水层，用粒状氢氧化钾干燥过夜后，过滤，再加金属钠加热回流数小时，蒸馏后加入钠丝保存。

A15　1, 2-二氯乙烷（1, 2-Dichloro ethane）

bp 83.4 °C，n_D^{20} 1.4448，d_4^{20} 1.2531

1, 2-二氯乙烷为无色油状液体，有芳香味。其 1 份溶于 120 份（体积）水中，可与之形成恒沸点混合物，沸点 72 °C，其中含 81.5% 的 1, 2-二氯乙烷。可与乙醇、乙醚、氯仿等相混溶。在结晶和提取时是极有用的溶剂，比常用的含氯有机溶剂更为活泼。一般纯化可依次用浓硫酸、水、稀碱溶液和水洗涤，用无水氯化钙干燥或加入五氧化二磷分馏。

附录 B 常用有机溶剂的沸点、密度表

表 B1 常用有机溶剂的沸点、密度

名 称	沸点 / °C	密度（d_4^{20}）	名 称	沸点 / °C	密度（d_4^{20}）
甲醇	64.96	0.7914	苯	80.10	0.8787
乙醇	78.5	0.7893	甲苯	110.6	0.8669
正丁醇	117.25	0.8098	二甲苯	140.0	0.8683
乙醚	34.51	0.7138	硝基苯	210.8	1.2037
丙酮	56.2	0.7899	氯苯	132.0	1.1058
乙酸	117.9	1.0492	氯仿	61.70	1.4832
乙酸酐	139.55	1.0820	四氯化碳	76.54	1.5940
乙酸乙酯	77.06	0.9003	二硫化碳	46.25	1.2632
乙酸甲酯	57.00	0.9330	乙腈	81.60	0.7854
丙酸甲酯	79.85	0.9150	二甲亚砜	189.0	1.1014
丙酸乙酯	99.10	0.8917	二氯甲烷	40.00	1.3266
二恶烷	101.1	1.0337	1, 2-二氯乙烷	83.47	1.2351

附录 C 常见有机化合物的极性

表 C1 常见有机化合物的极性

化合物名称	极性	黏度/mPa·s	沸点/℃	吸收波长/nm
i-Pentane（异戊烷）	0.00	—	30	—
n-Pentane（正戊烷）	0.00	0.23	36	210
Petroleum ether（石油醚）	0.01	0.30	30-60	210
Hexane（己烷）	0.06	0.33	69	210
Cyclohexane（环己烷）	0.10	1.00	81	210
Isooctane（异辛烷）	0.10	0.53	99	210
Trifluoroacetic acid（三氟乙酸）	0.10	—	72	—
Trimethylpentane（三甲基戊烷）	0.10	0.47	99	215
Cyclopentane（环戊烷）	0.20	0.47	49	210
n-Heptane（庚烷）	0.20	0.41	98	200
Butyl chloride（丁基氯，丁酰氯）	1.00	0.46	78	220
Trichloroethylene（三氯乙烯，乙炔化三氯）	1.00	0.57	87	273
Carbon tetrachloride（四氯化碳）	1.60	0.97	77	265
Trichlorotrifluoroethane（三氯三氟代乙烷）	1.90	0.71	48	231
i-Propyl ether（丙基醚，丙醚）	2.40	0.37	68	220
Toluene（甲苯）	2.40	0.59	111	285
p-Xylene（对二甲苯）	2.50	0.65	138	290
Chlorobenzene（氯苯）	2.70	0.80	132	—
o-Dichlorobenzene（邻二氯苯）	2.70	1.33	180	295
Ethyl ether（二乙醚，乙醚）	2.90	0.23	35	220
Benzene（苯）	3.00	0.65	80	280
Isobutyl alcohol（异丁醇）	3.00	4.70	108	220
Methylene chloride（二氯甲烷）	3.40	0.44	40	245
Ethylene dichloride（二氯化乙烯）	3.50	0.79	84	228
n-Butanol（正丁醇）	3.70	2.95	117	210
n-Butyl acetate（醋酸丁酯，乙酸丁酯）	4.00	—	126	254

化合物名称	极性	黏度/mPa·s	沸点/℃	吸收波长/nm
n-Propanol（丙醇）	4.00	2.27	98	210
Methyl isobutyl ketone（甲基异丁酮）	4.20	—	119	330
Tetrahydrofuran（四氢呋喃）	4.20	0.55	66	220
Ethanol（乙醇）	4.30	1.20	79	210
Ethyl acetate（乙酸乙酯）	4.30	0.45	77	260
i-Propanol（异丙醇）	4.30	2.37	82	210
Chloroform（氯仿）	4.40	0.57	61	245
Methyl ethyl ketone（甲基乙基酮）	4.50	0.43	80	330
Dioxane（二噁烷，二氧六环，二氧杂环己烷）	4.80	1.54	102	220
Pyridine（吡啶）	5.30	0.97	115	305
Acetone（丙酮）	5.40	0.32	57	330
Nitromethane（硝基甲烷）	6.00	0.67	101	380
Acetic acid（乙酸）	6.20	1.28	118	230
Acetonitrile（乙腈）	6.20	0.37	82	210
Aniline（苯胺）	6.30	4.40	184	—
Dimethyl formamide（二甲基甲酰胺，DMF）	6.40	0.92	153	270
Methanol（甲醇）	6.60	0.60	65	210
Ethylene glycol（乙二醇）	6.90	19.90	197	210
Dimethyl sulfoxide（二甲亚砜，DMSO）	7.20	2.24	189	268
Water（水）	10.20	1.00	100	268

附录 D 常见有机化学缩略词

表 D1 常见有机化学缩略词

缩写	英文名称	中文名称
Ac	Acetyl	乙酰基
Acac	Acetylacetonate	乙酰丙酮
ADP	Adenosine diphosphate	二磷酸腺苷
AE	Asymmetric epoxidation	不对称环氧化作用
AIBN	2, 2′-Azobisisobutyronitrile	2, 2′-偶氮二异丁腈
AO	Atomic orbital	原子轨道
Ar	Aryl	芳基
ATP	Adenosine triphosphate	三磷酸腺苷
9-BBN	9-Borabicyclo[3.3.1]nonane	9-硼二环[3.3.1]壬烷
BHT	Butylated hydroxy toluene（2, 6-di-*t*-butyl-4-methylphenol）	2, 6-二叔丁基-4-甲基苯酚
BINAP	2, 2′-Bis(diphenylphosphino)-1, 1′-binaphthyl	2, 2′-双(二苯基膦)-1, 1′-联萘
Bn	Benzyl	苄基
Boc，BOC	*tert*-Butyloxycarbonyl	叔丁氧羰基
Bu	Butyl	丁基
s-Bu	*sec*-Butyl	仲丁基
t-Bu	*tert*-Butyl	叔丁基
Bz	Benzoyl	苯甲酰基
Cbz	Carboxybenzyl	苄氧羰基
CDI	Carbonyldiimidazole	羰二咪唑
CI	Chemical ionization	化学电离
CoA	Coenzyme A	辅酶 A
COT	Cyclooctatetraene	环辛四烯
Cp	Cyclopentadienyl	环戊二烯基
DABCO	1, 4-Diazabicyclo[2.2.2]octane	三亚乙基二胺
Dba	Dibenzylideneacetone	二亚苄基丙酮

缩写	英文名称	中文名称
DBN	1, 5-Diazabicyclo[4.3.0]non-5-ene	1, 5-二氮杂双环[4.3.0]壬-5-烯
DBU	1, 8-Diazabicyclo[5.4.0]undec-7-ene	1, 8-二氮杂双环[5.4.0]十一碳-7-烯
DCC	N, N'-dicyclohexylcarbodiimide	N, N'-二环己基碳二亚胺
DDQ	2, 3-Dichloro-5, 6-dicyano-1, 4- benzoquinone	2, 3-二氯-5, 6-二氰基-1, 4-苯醌
DEAD	Diethyl azodicarboxylate	偶氮二甲酸二乙酯
DIBAL	Diisobutylaluminum hydride	二异丁基氢化铝
DMAP	4-Dimethylaminopyridine	4-二甲氨基吡啶
DME	1, 2-Dimethoxyethane	1, 2-二甲氧基乙烷
DMF	N, N-Dimethylformamide	N, N-二甲基甲酰胺
DMPU	1, 3-Dimethyl-3, 4, 5, 6-tetrahydro-2($1H$)-pyrimidinone	1, 3-二甲基-3, 4, 5, 6-四氢-2-嘧啶酮
DMS	Dimethyl sulfide	二甲硫醚
DMSO	Dimethyl sulfoxide	二甲亚砜
DNA	Deoxyribonucleic acid	脱氧核糖核酸
E1	Unimolecular elimination	单分子消除
E2	Bimolecular elimination	双分子消除
E_a	Activation energy	活化能
EDTA	Ethylenediaminetetraacetic acid	乙二胺四乙酸
EPR	Electron paramagnetic resonance	电子顺磁共振
ESR	Electron spin resonance	电子自旋共振
Et	Ethyl	乙基
FGI	Functional group interconversion	官能团互变
Fmoc	Fluorenylmethyloxycarbonyl	芴甲氧羰基
GAC	General acid catalysis	一般酸催化
GBC	General base catalysis	一般碱催化
HMPA	Hexamethylphosphoramide	六甲基磷酰三胺
HMPT	Hexamethylphosphoroustriamide	六甲基三氨基膦
HOBt	1-Hydroxybenzotriazole	1-羟基苯并三唑
HOMO	Highest occupied molecular orbital	最高占有分子轨道

缩写	英文名称	中文名称
HPLC	High performance liquid chromatography	高效液相色谱法
HIV	Human immunodeficiency virus	人类免疫缺陷病毒
IR	Infrared	红外线的
KHMDS	Potassium hexamethyldisilazide	六甲基二硅胺钾
LCAO	Linear combination of atomic orbitals	原子轨道的线性组合
LDA	Lithium diisopropylamide	二异丙基氨基锂
LHMDS	Lithium hexamethyldisilazide	六甲基二硅烷基胺基锂
LICA	Lithium isopropylcyclohexylamide	异丙基环己酰胺基锂
LTMP, LiTMP	Lithium 2, 2, 6, 6-tetramethylpiperidide	2, 2, 6, 6-四甲基哌啶锂
LUMO	Lowest unoccupied molecular orbital	最低未占分子轨道
m-CPBA	*meta*-Chloroperoxybenzoic acid	间氯过氧苯甲酸
Me	Methyl	甲基
MO	Molecular orbital	分子轨道
MOM	Methoxymethyl	甲氧基甲基
Ms	Methanesulfonyl（mesyl）	甲磺酰基
NAD	Nicotinamide adenine dinucleotide	烟酰胺腺嘌呤二核苷酸
NADH	Reduced NAD	还原型烟酰胺腺嘌呤二核苷酸
NBS	*N*-Bromosuccinimide	*N*-溴代丁二酰亚胺
NIS	*N*-Iodosuccinimide	*N*-碘代丁二酰亚胺
NMO	*N*-Methylmorpholine-*N*-oxide	*N*-甲基-*N*-氧化吗啉
NMR	Nuclear magnetic resonance	核磁共振
NOE	Nuclear Overhauser effect	NOE 效应
PCC	Pyridinium chlorochromate	氯铬酸吡啶盐
PDC	Pyridinium dichromate	重铬酸吡啶盐
Ph	Phenyl	苯基
PPA	Polyphosphoric acid	多聚磷酸
Pr	Propyl	丙基
i-Pr	*iso*-Propyl	异丙基

缩写	英文名称	中文名称
PTC	Phase transfer catalysis	相转移催化剂
PTSA	*p*-Toluenesulfonic acid	对甲苯磺酸
Py	Pyridine	吡啶
Red Al	Sodium bis(2-methoxyethoxy)aluminum hydride	二氢双(2-甲氧乙氧基)铝酸钠
RNA	Ribonucleic acid	核糖核酸
SAC	Specific acid catalysis	特殊酸催化
SAM	*S*-Adenosyl methionine	*S*-腺苷甲硫氨酸
SBC	Specific base catalysis	特殊碱催化
S_N1	Unimolecular nucleophilic substitution	单分子亲核取代反应
S_N2	Bimolecular nucleophilic substitution	双分子亲核取代反应
SOMO	Singly occupied molecular orbital	单占据分子轨道
STM	Scanning tunnelling microscopy	扫描隧道显微镜
TBDMS	*tert*-Butyldimethylsilyl	叔丁基二甲基硅基
TBDPS	*tert*-Butyldiphenylsilyl	叔丁基二苯基硅基
Tf	Trifluoromethanesulfonyl（triflyl）	三氟甲基磺酰基
THF	Tetrahydrofuran	四氢呋喃
THP	Tetrahydropyran	四氢吡喃
TIPS	Triisopropylsilyl	三异丙基硅基
TMEDA	*N*, *N*, *N'*, *N'*-tetramethyl-1, 2- ethylenediamine	*N*, *N*, *N'*, *N'*-四甲基乙二胺
TMP	2, 2, 6, 6-Tetramethylpiperidine	2, 2, 6, 6-四甲基哌啶
TMS	Trimethylsilyl	三甲基硅基
TMSOTf	Trimethylsilyl triflate	三甲基三氟甲磺酰基硅烷
TPAP	Tetra-*N*-propylammonium perruthenate	过钌酸四丙胺盐
Tr	Triphenylmethyl（trityl）	三苯基甲基
TS	Transition state	过渡态
Ts	*p*-Toluenesulfonyl, tosyl	对甲苯磺酰基
UV	Ultraviolet	紫外线
VSEPR	Valence shell electron pair repulsion	价电子对互斥理论

附录 E　常用溶剂的沸点、溶解性和毒性

表 E1　常用溶剂的沸点、溶解性和毒性

名称	沸点/°C （101.3 kPa）	溶解性	毒性
液氨	-33.4	特殊溶解性：能溶解碱金属和碱土金属	剧毒性、腐蚀性
液态二氧化硫	-10.1	溶解胺、醚、醇苯酚、有机酸、芳香烃、溴、二硫化碳，多数饱和烃不溶	剧毒
甲胺	-6.3	是多数有机物和无机物的优良溶剂，液态甲胺与水、醚、苯、丙酮、低级醇混溶，其盐酸盐易溶于水，不溶于醇、醚、酮、氯仿、乙酸乙酯	中等毒性，易燃
二甲胺	7.4	是有机物和无机物的优良溶剂，溶于水、低级醇、醚、低极性溶剂	强烈刺激性
石油醚		不溶于水，与丙酮、乙醚、乙酸乙酯、苯、氯仿及甲醇以上高级醇混溶	与低级烷相似
乙醚	34.6	微溶于水，易溶于盐酸。与醇、醚、石油醚、苯、氯仿等多数有机溶剂混溶	麻醉性
戊烷	36.1	与乙醇、乙醚等多数有机溶剂混溶	低毒性
二氯甲烷	39.8	与醇、醚、氯仿、苯、二硫化碳等有机溶剂混溶	低毒，麻醉性强
二硫化碳	46.2	微溶于水，与多种有机溶剂混溶	麻醉性，强刺激性
溶剂石油脑		与乙醇、丙酮、戊醇混溶较其他石油系溶剂大	
丙酮	56.1	与水、醇、醚、烃混溶	低毒，类乙醇，但刺激性较大
1,1-二氯乙烷	57.3	与醇、醚等大多数有机溶剂混溶	低毒、局部刺激性
氯仿	61.2	与乙醇、乙醚、石油醚、卤代烃、四氯化碳、二硫化碳等混溶	中等毒性，强麻醉性
甲醇	64.5	与水、乙醚、醇、酯、卤代烃、苯、酮混溶	中等毒性，麻醉性

名称	沸点/°C （101.3 kPa）	溶解性	毒性
四氢呋喃	66	优良溶剂，与水混溶，很好地溶解乙醇、乙醚、脂肪烃、芳香烃、氯化烃	吸入微毒，经口低毒
己烷	68.7	甲醇部分溶解，与比乙醇高的醇、醚、丙酮、氯仿混溶	低毒，麻醉性，刺激性
三氟代乙酸	71.8	与水、乙醇、乙醚、丙酮、苯、四氯化碳、己烷混溶，溶解多种脂肪族、芳香族化合物	
1，1，1-三氯乙烷	74.0	与丙酮、甲醇、乙醚、苯、四氯化碳等有机溶剂混溶	低毒
四氯化碳	76.8	与醇、醚、石油醚、石油脑、冰醋酸、二硫化碳、氯代烃混溶	氯代甲烷中，毒性最强
乙酸乙酯	77.1	与醇、醚、氯仿、丙酮、苯等大多数有机溶剂溶解，能溶解某些金属盐	低毒，麻醉性
乙醇	78.3	与水、乙醚、氯仿、酯、烃类衍生物等有机溶剂混溶	微毒类，麻醉性
丁酮	79.6	与丙酮相似，与醇、醚、苯等大多数有机溶剂混溶	低毒，毒性强于丙酮
苯	80.1	难溶于水，与甘油、乙二醇、乙醇、氯仿、乙醚、四氯化碳、二硫化碳、丙酮、甲苯、二甲苯、冰醋酸、脂肪烃等大多有机物混溶	强烈毒性
环己烷	80.7	与乙醇、高级醇、醚、丙酮、烃、氯代烃、高级脂肪酸、胺类混溶	低毒，中枢抑制作用
乙腈	81.6	与水、甲醇、乙酸甲酯、乙酸乙酯、丙酮、醚、氯仿、四氯化碳、氯乙烯及各种不饱和烃混溶，但是不与饱和烃混溶	中等毒性，大量吸入蒸气，引起急性中毒
异丙醇	82.4	与乙醇、乙醚、氯仿、水混溶	微毒，类似乙醇
1，2-二氯乙烷	83.5	与乙醇、乙醚、氯仿、四氯化碳等多种有机溶剂混溶	高毒性、致癌
乙二醇二甲醚	85.2	溶于水，与醇、醚、酮、酯、烃、氯代烃等多种有机溶剂混溶。能溶解各种树脂，还是二氧化硫、氯代甲烷、乙烯等气体的优良溶剂	吸入和经口低毒

名称	沸点/°C (101.3 kPa)	溶解性	毒性
三氯乙烯	87.2	不溶于水，与乙醇、乙醚、丙酮、苯、乙酸乙酯、脂肪族氯代烃、汽油混溶	有机有毒品
三乙胺	89.6	易溶于氯仿、丙酮，溶于乙醇、乙醚	易爆，皮肤黏膜刺激性强
丙腈	97.4	溶解醇、醚、DMF、乙二胺等有机物，与多种金属盐形成加成有机物	高毒性，与氢氰酸相似
庚烷	98.4	与己烷类似	低毒，刺激性、麻醉性
水	100	略	略
硝基甲烷	101.2	与醇、醚、四氯化碳、DMF等混溶	麻醉性，刺激性
1,4-二氧六环	101.3	能与水及多数有机溶剂混溶，溶解能力很强	微毒，强于乙醚2~3倍
甲苯	110.6	不溶于水，与甲醇、乙醇、氯仿、丙酮、乙醚、冰醋酸、苯等有机溶剂混溶	低毒类，麻醉作用
硝基乙烷	114.0	与醇、醚、氯仿混溶，溶解多种树脂和纤维素衍生物	局部刺激性较强
吡啶	115.3	与水、醇、醚、石油醚、苯、油类混溶。能溶多种有机物和无机物	低毒，皮肤黏膜刺激性
4-甲基-2-戊酮	115.9	能与乙醇、乙醚、苯等大多数有机溶剂和动植物油相混溶	毒性和局部刺激性较强
乙二胺	117.3	溶于水、乙醇、苯和乙醚，微溶于庚烷	刺激皮肤、眼睛
丁醇	117.7	与醇、醚、苯混溶	低毒，大于乙醇3倍
乙酸	118.1	与水、乙醇、乙醚、四氯化碳混溶，不溶于二硫化碳及 C_{12} 以上高级脂肪烃	低毒，浓溶液毒性强
乙二醇-甲醚	124.6	与水、醛、醚、苯、乙二醇、丙酮、四氯化碳、DMF等混溶	低毒类
辛烷	125.7	几乎不溶于水，微溶于乙醇，与醚、丙酮、石油醚、苯、氯仿、汽油混溶	低毒性，麻醉性
乙酸丁酯	126.1	优良有机溶剂，广泛应用于医药行业，还可以用作萃取剂	一般条件毒性不大

名称	沸点 / ℃（101.3 kPa）	溶解性	毒性
吗啉	128.9	溶解能力强，超过二氧六环、苯、和吡啶，与水混溶，溶解丙酮、苯、乙醚、甲醇、乙醇、乙二醇、2-己酮、蓖麻油、松节油、松脂等	腐蚀皮肤，刺激眼和结膜，蒸气引起肝肾病变
氯苯	131.7	能与醇、醚、脂肪烃、芳香烃、和有机氯化物等多种有机溶剂混溶	低于苯，损害中枢系统
乙二醇-乙醚	135.6	与乙二醇-甲醚相似，但是极性小，与水、醇、醚、四氯化碳、丙酮混溶	低毒类，二级易燃液体
对二甲苯	138.4	不溶于水，与醇、醚和其他有机溶剂混溶	一级易燃液体
二甲苯	138.5～141.5	不溶于水，与乙醇、乙醚、苯、烃等有机溶剂混溶，乙二醇、甲醇、2-氯乙醇等极性溶剂部分溶解	一级易燃液体，低毒类
间二甲苯	139.1	不溶于水，与醇、醚、氯仿混溶，室温下溶解乙腈、DMF 等	一级易燃液体
邻二甲苯	144.4	不溶于水，与乙醇、乙醚、氯仿等混溶	一级易燃液体
醋酸酐	140.0	溶于氯仿和乙醚，缓慢地溶于水形成乙酸	易燃，有腐蚀性，有催泪性
N, N-二甲基甲酰胺	153.0	与水、醇、醚、酮、不饱和烃、芳香烃等混溶，溶解能力强	低毒
环己酮	155.7	与甲醇、乙醇、苯、丙酮、己烷、乙醚、硝基苯、石油脑、二甲苯、乙二醇、乙酸异戊酯、二乙胺及其他多种有机溶剂混溶	低毒类，有麻醉性，中毒概率比较小
环己醇	161	与醇、醚、二硫化碳、丙酮、氯仿、苯、脂肪烃、芳香烃、卤代烃混溶	低毒，无血液毒性，刺激性
N, N-二甲基乙酰胺	166.1	溶解不饱和脂肪烃，与水、醚、酯、酮、芳香族化合物混溶	微毒类
糠醛	161.8	与醇、醚、氯仿、丙酮、苯等混溶，部分溶解低沸点脂肪烃，无机物一般不溶	有毒品，刺激眼睛，催泪
N-甲基甲酰胺	180～185	与苯混溶，溶于水和醇，不溶于醚	一级易燃液体
苯酚（石炭酸）	181.2	溶于乙醇、乙醚、乙酸、甘油、氯仿、二硫化碳和苯等，难溶于烃类溶剂，65.3 ℃以上与水混溶，65.3 ℃以下分层	高毒类，对皮肤、黏膜有强烈腐蚀性，可经皮吸收中毒

名称	沸点/°C (101.3 kPa)	溶解性	毒性
1,2-丙二醇	187.3	与水、乙醇、乙醚、氯仿、丙酮等多种有机溶剂混溶	低毒，吸湿，不宜静注
二甲亚砜	189.0	与水、甲醇、乙醇、乙二醇、甘油、乙醚、丙酮乙酸乙酯吡啶、芳烃混溶	微毒，对眼有刺激性
邻甲酚	191.0	微溶于水，能与乙醇、乙醚、苯、氯仿、乙二醇、甘油等混溶	参照甲酚
N,N-二甲基苯胺	193	微溶于水，能随水蒸气挥发，与醇、醚、氯仿、苯等混溶，能溶解多种有机物	抑制中枢和循环系统，经皮肤吸收中毒
乙二醇	197.9	与水、乙醇、丙酮、乙酸、甘油、吡啶混溶，与氯仿、乙醚、苯、二硫化碳等难溶，对烃类、卤代烃不溶，溶解食盐、氯化锌等无机物	低毒类，可经皮肤吸收中毒
对甲酚	201.9	参照甲酚	参照甲酚
N-甲基吡咯烷酮	202	与水混溶，除低级脂肪烃可以溶解大多无机、有机物，极性气体，高分子化合物	毒性低，不可内服
间甲酚	202.7	参照甲酚	与甲酚相似，参照甲酚
苄醇	205.5	与乙醇、乙醚、氯仿混溶，20 °C在水中溶解3.8%（质量分数）	低毒，黏膜刺激性
甲酚	210	微溶于水，能与乙醇、乙醚、苯、氯仿、乙二醇、甘油等混溶	低毒类，腐蚀性，与苯酚相似
甲酰胺	210.5	与水、醇、乙二醇、丙酮、乙酸、二氧六环、甘油、苯酚混溶，几乎不溶于脂肪烃、芳香烃、醚、卤代烃、氯苯、硝基苯等	对皮肤、黏膜刺激性、经皮肤吸收
硝基苯	210.9	几乎不溶于水，与醇、醚、苯等有机物混溶，对有机物溶解能力强	剧毒，可经皮肤吸收
乙酰胺	221.2	溶于水、醇、吡啶、氯仿、甘油、热苯、丁酮、丁醇、苄醇，微溶于乙醚	毒性较低
六甲基磷酸三酰胺（HMTA）	233	与水混溶，与氯仿络合，溶于醇、醚、酯、苯、酮、烃、卤代烃等	较大毒性

名称	沸点/°C （101.3 kPa）	溶解性	毒性
喹啉	237.1	溶于热水、稀酸、乙醇、乙醚、丙酮、苯、氯仿、二硫化碳等	中等毒性，刺激皮肤和眼
乙二醇碳酸酯	238	与热水、醇、苯、醚、乙酸乙酯、乙酸混溶，干燥醚、四氯化碳、石油醚中不溶	毒性低
二甘醇	244.8	与水、乙醇、乙二醇、丙酮、氯仿、糠醛混溶，与乙醚、四氯化碳等不混溶	微毒，经皮吸收，刺激性小
丁二腈	267	溶于水，易溶于乙醇和乙醚，微溶于二硫化碳、己烷	中等毒性
环丁砜	287.3	几乎能与所有有机溶剂混溶，除脂肪烃外能溶解大多数有机物	
甘油	290.0	与水、乙醇混溶，不溶于乙醚、氯仿、二硫化碳、苯、四氯化碳、石油醚	食用对人体无毒

附录 F　常用干燥剂及其适用范围

表 F1　常用干燥剂

序号	名称	分子式	吸水能力	干燥速度	酸碱性	再生方式
1	硫酸钙	$CaSO_4$	小	快	中性	在 163 °C（脱水温度）下脱水再生
2	氧化钡	BaO	—	慢	碱性	不能再生
3	五氧化二磷	P_2O_5	大	快	酸性	不能再生
4	氯化钙（熔融过的）	$CaCl_2$	大	快	含碱性杂质	200 °C 下烘干再生
5	高氯酸镁	$Mg(ClO_4)_2$	大	快	中性	烘干再生（251 °C 分解）
6	三水合高氯酸镁	$Mg(ClO_4)_2 \cdot 3H_2O$	—	快	中性	烘干再生（251 °C 分解）
7	氢氧化钾（熔融过的）	KOH	大	较快	碱性	不能再生
8	活性氧化铝	Al_2O_3	大	快	中性	在 110～300 °C 下烘干再生
9	浓硫酸	H_2SO_4	大	快	酸性	蒸发浓缩再生
10	硅胶	SiO_2	大	快	酸性	120 °C 下烘干再生
11	氢氧化钠（熔融过的）	$NaOH$	大	较快	碱性	不能再生
12	氧化钙	CaO	—	慢	碱性	不能再生
13	硫酸铜	$CuSO_4$	大	—	微酸性	150 °C 下烘干再生
14	硫酸镁	$MgSO_4$	大	较快	中性、有的微酸性	200 °C 下烘干再生
15	硫酸钠	Na_2SO_4	大	慢	中性	烘干再生
16	碳酸钾	K_2CO_3	中	较慢	碱性	100 °C 下烘干再生
17	金属钠	Na	—	—	—	不能再生
18	分子筛	结晶的铝硅酸盐	大	较快	酸性	烘干，温度随型号而异

表 F2　常见干燥剂的适用条件

序号	名称	适用物质	不适用物质	备注
1	碱石灰（BaO、CaO）	中性和碱性气体，胺类，醇类，醚类	醛类，酮类，酸性物质	特别适用于干燥气体，与水作用生成 Ba(OH)$_2$、Ca(OH)$_2$
2	CaSO$_4$	普遍适用	—	常先用 Na$_2$SO$_4$ 做预干燥剂
3	NaOH、KOH	氨，胺类，醚类，烃类（干燥器），肼类，碱类	醛类，酮类，酸性物质	容易潮解，因此一般用于预干燥
4	K$_2$CO$_3$	胺类，醇类，丙酮，一般的生物碱类，酯类，腈类，肼类，卤素衍生物	酸类，酚类及其他酸性物质	容易潮解
5	CaCl$_2$	烷烃类，链烯烃类，醚类，酯类，卤代烃类，腈类，丙酮，醛类，硝基化合物类，中性气体，氯化氢（HCl），CO$_2$	醇类，氨（NH$_3$），胺类，酸类，酸性物质，某些醛，酮类与酯类	一种价格便宜的干燥剂，可与许多含氮、含氧的化合物生成溶剂化物、配合物或发生反应；一般含有 CaO 等碱性杂质
6	P$_2$O$_5$	大多数中性和酸性气体，乙炔，二硫化碳，烃类，各种卤代烃，酸溶液，酸与酸酐，腈类	碱性物质，醇类，酮类，醚类，易发生聚合的物质，氯化氢（HCl），氟化氢（HF），氨气（NH$_3$）	使用其干燥气体时必须与载体或填料（石棉绒、玻璃棉、浮石等）混合；一般先用其他干燥剂预干燥；本品易潮解，与水作用生成偏磷酸、磷酸等
7	浓 H$_2$SO$_4$	大多数中性与酸性气体（干燥器、洗气瓶），各种饱和烃，卤代烃，芳烃	不饱和的有机化合物，醇类，酮类，酚类，碱性物质，硫化氢（H$_2$S），碘化氢（HI），氨气（NH$_3$）	不适宜升温干燥和真空干燥
8	金属 Na	醚类，饱和烃类，叔胺类，芳烃类	氯代烃类（会发生爆炸危险），醇类，伯、仲胺类及其他易和金属钠起作用的物质	一般先用其他干燥剂预干燥；与水作用生成 NaOH 与 H$_2$
9	Mg(ClO$_4$)$_2$	含有氨的气体（干燥器）	易氧化的有机物质	大多用于分析目的，适用于各种分析工作，能溶于多种溶剂中；处理不当会发生爆炸危险

序号	名称	适用物质	不适用物质	备注
10	Na_2SO_4、$MgSO_4$	普遍适用，特别适用于酯类、酮类及一些敏感物质溶液	—	一种价格便宜的干燥剂；Na_2SO_4常用作预干燥剂
11	硅胶	置于干燥器中使用	氟化氢	加热干燥后可重复使用
12	分子筛	温度100 ℃以下的大多数流动气体；有机溶剂（干燥器）	不饱和烃	一般先用其他干燥剂预干燥；特别适用于低分压的干燥
13	CaH_2	烃类，醚类，酯类，C_4及C_4以上的醇类	醛类，含有活泼羰基的化合物	作用比$LiAlH_4$慢，但效率相近，且较安全，是最好的脱水剂之一，与水作用生成$Ca(OH)_2$、H_2
14	$LiAlH_4$	烃类，芳基卤化物，醚类	含有酸性H，卤素，羰基及硝基等的化合物	使用时要小心。过剩的可以慢慢加乙酸乙酯将其破坏；与水作用生成 $LiOH$、$Al(OH)_3$ 与 H_2

表F3 常见液体的适用干燥剂

序号	液体	适用干燥剂
1	饱和烃类	P_2O_5，$CaCl_2$，H_2SO_4（浓），$NaOH$，KOH，Na，Na_2SO_4，$MgSO_4$，$CaSO_4$，CaH_2，$LiAlH_4$，分子筛
2	不饱和烃类	P_2O_5，$CaCl_2$，$NaOH$，KOH，Na_2SO_4，$MgSO_4$，$CaSO_4$，CaH_2，$LiAlH_4$
3	卤代烃类	P_2O_5，$CaCl_2$，H_2SO_4（浓），Na_2SO_4，$MgSO_4$，$CaSO_4$
4	醇类	BaO，CaO，K_2CO_3，Na_2SO_4，$MgSO_4$，$CaSO_4$，硅胶
5	酚类	Na_2SO_4，硅胶
6	醛类	$CaCl_2$，Na_2SO_4，$MgSO_4$，$CaSO_4$，硅胶
7	酮类	K_2CO_3，Na_2SO_4，$MgSO_4$，$CaSO_4$，硅胶
8	醚类	BaO，CaO，$NaOH$，KOH，Na，$CaCl_2$，CaH_2，$LiAlH_4$，Na_2SO_4，$MgSO_4$，$CaSO_4$，硅胶
9	酸类	P_2O_5，Na_2SO_4，$MgSO_4$，$CaSO_4$，硅胶
10	酯类	K_2CO_3，$CaCl_2$，Na_2SO_4，$MgSO_4$，$CaSO_4$，CaH_2，硅胶
11	胺类	BaO，CaO，$NaOH$，KOH，K_2CO_3，Na_2SO_4，$MgSO_4$，$CaSO_4$，硅胶

序号	液体	适用干燥剂
12	肼类	NaOH，KOH，Na$_2$SO$_4$，MgSO$_4$，CaSO$_4$，硅胶
13	腈类	P$_2$O$_5$，K$_2$CO$_3$，CaCl$_2$，Na$_2$SO$_4$，MgSO$_4$，CaSO$_4$，硅胶
14	硝基化合物	CaCl$_2$，Na$_2$SO$_4$，MgSO$_4$，CaSO$_4$，硅胶
15	二硫化碳	P$_2$O$_5$，CaCl$_2$，Na$_2$SO$_4$，MgSO$_4$，CaSO$_4$，硅胶
16	碱类	NaOH，KOH，BaO，CaO，Na$_2$SO$_4$，MgSO$_4$，CaSO$_4$，硅胶

表 F4　常见气体的适用干燥剂

序号	气体	适用干燥剂
1	H$_2$	P$_2$O$_5$，CaCl$_2$，H$_2$SO$_4$（浓），Na$_2$SO$_4$，MgSO$_4$，CaSO$_4$，CaO，BaO，分子筛
2	O$_2$	P$_2$O$_5$，CaCl$_2$，Na$_2$SO$_4$，MgSO$_4$，CaSO$_4$，CaO，BaO，分子筛
3	N$_2$	P$_2$O$_5$，CaCl$_2$，H$_2$SO$_4$（浓），Na$_2$SO$_4$，MgSO$_4$，CaSO$_4$，CaO，BaO，分子筛
4	O$_3$	P$_2$O$_5$，CaCl$_2$
5	Cl$_2$	CaCl$_2$，H$_2$SO$_4$（浓）
6	CO	P$_2$O$_5$，CaCl$_2$，H$_2$SO$_4$（浓），Na$_2$SO$_4$，MgSO$_4$，CaSO$_4$，CaO，BaO，分子筛
7	CO$_2$	P$_2$O$_5$，CaCl$_2$，H$_2$SO$_4$（浓），Na$_2$SO$_4$，MgSO$_4$，CaSO$_4$，分子筛
8	SO$_2$	P$_2$O$_5$，CaCl$_2$，Na$_2$SO$_4$，MgSO$_4$，CaSO$_4$，分子筛
9	CH$_4$	P$_2$O$_5$，CaCl$_2$，H$_2$SO$_4$（浓），Na$_2$SO$_4$，MgSO$_4$，CaSO$_4$，CaO，BaO，NaOH，KOH，Na，CaH$_2$，LiAlH$_4$，分子筛
10	NH$_3$	Mg(ClO$_4$)$_2$，NaOH，KOH，CaO，BaO，Mg(ClO$_4$)$_2$，Na$_2$SO$_4$，MgSO$_4$，CaSO$_4$，分子筛
11	HCl	CaCl$_2$，H$_2$SO$_4$（浓）
12	HBr	CaBr$_2$
13	HI	CaI$_2$
14	H$_2$S	CaCl$_2$
15	C$_2$H$_4$	P$_2$O$_5$
16	C$_2$H$_2$	P$_2$O$_5$，NaOH